拥有一个积极的心态，就能赢得一

工作赢在心态

刘云鹏 / 编著

把工作当作一种享受
人生才能增加更多乐趣

民主与建设出版社
·北京·

© 民主与建设出版社，2023

图书在版编目（CIP）数据

工作赢在心态/刘云鹏编著.--北京：民主与建设出版社，2023.12
ISBN 978-7-5139-4418-2

Ⅰ.①工… Ⅱ.①刘… Ⅲ.①成功心理—通俗读物 Ⅳ.①B848.4-49

中国国家版本馆CIP数据核字（2023）第212571号

工作赢在心态
GONGZUO YING ZAI XINTAI

编　　著	刘云鹏
责任编辑	王　颂
封面设计	于　芳
出版发行	民主与建设出版社有限责任公司
电　　话	（010）59417747　59419778
社　　址	北京市海淀区西三环中路10号望海楼E座7层
邮　　编	100142
印　　刷	三河市新科印务有限公司
版　　次	2023年12月第1版
印　　次	2023年12月第1次印刷
开　　本	710毫米×1000毫米　1/16
印　　张	16
字　　数	195千字
书　　号	ISBN 978-7-5139-4418-2
定　　价	59.80元

注：如有印装质量问题，请与出版社联系。

PREFACE
前　言

谈到"心态",我不由得想起有位心理学家曾做过这样一个实验:选择一群非常优秀的人和一群平庸的人进行调查,想知道为什么优秀的人可以拥有那么大的成就,普通的人为什么如此平庸。结果是非常惊人的:他们之间的最大差别,并不在于能力,而在于他们的工作态度,是工作态度决定了他们的能力。

因此,对一个在工作中想取得成功的人来说,心态非常重要,如果你保持积极的心态,掌握了自己的思想,并引导它为你明确的工作目标服务,你就能享受到工作的回报。

成功学大师戴尔·卡耐基说过:"人与人之间只有很小的差异,这很小的差异却造成了巨大的差距。很小的差异就是心态,巨大的差距就是不同心态产生的结果。"

在纷繁复杂的现实生活中,许许多多的人面临生存考验和工作压力,面临许多困难和矛盾,面临某些事物的不可预知性和突发性,不可能天天有好心情,喜怒哀乐将会伴随人的一生。如何过好每一天,如何面对繁忙的工作,关键的是如何调控自己的心态,使自己工作得更潇洒,更充实,更美好,变被动为主动,变压力为动力,这既是一门学问,又是人生的一门必修课。因而拥有一个健康的心态,就能赢得一份满意的工作。

工作赢在心态,是人们在长期的工作和实践中逐步积累总结出来的,也是个人素质和修养培养出来的。而本书正是从这些工作实践中总结出来的结果。全书结合企事业单位的实际情况和社会环境，通过剖析实际案例，从工作中做人做事的角度全面阐述了职场人在现代职场中应该具备的积极心态。因此，本书为职场人赢得一份满意的工作，做好每一份工作，提供了较好的素材。

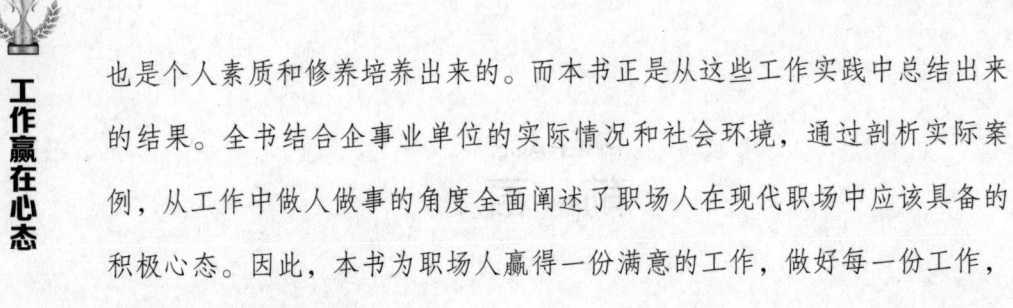

以正确的态度对待工作，以满怀激情和富有兴趣的心理状态对待工作，这样，不仅能得到应有的报酬和晋升的机会，还会得到更有价值的东西——品格的锤炼、才能的展现和满意的工作。

目录

第一章 积极心态，决定未来的成就
  守住灵魂的大门 / 2
  心态决定成败 / 11
  对自己充满信心 / 13
  走出心灵误区 / 16
  积极心态激发无穷力量 / 19
  修炼好的心态 / 22

第二章 放弃懈怠，满怀热情地去工作
  积极化不可能为可能 / 30
  快乐工作带来的收获 / 33
  在工作中拿出你的热情 / 36
  激情是事业的最佳伙伴 / 39
  不怕负重，更要进取 / 42
  拥有勤劳才能拥有财富 / 44

第三章 心怀仁爱，建立和谐的人际关系
  爱别人就是爱自己 / 48
  让自己有一颗仁爱之心 / 52
  优秀源自工作好品德 / 55
  满怀感恩之心去工作 / 58
  谦逊是终生受益的美德 / 62

第四章 突破常规，做与众不同的员工

有梦想就能实现理想 / 66

有目标才有动力 / 68

唯有创新才有出路 / 70

在"奇"字上下功夫 / 73

见异思迁图大谋 / 76

第五章 不断学习，增长业务才能

知识筑起成功之路 / 80

要持续不断地学习 / 83

成为学习型的全才 / 86

只有学习，才能创新 / 90

学习永无止境 / 93

掌握有效的学习方法 / 97

第六章 注重修养，提升职业形象

工作小节要检点 / 102

对诱惑要说"不" / 105

平时爱好要得当 / 108

节约是美德 / 110

公私分明是原则 / 113

坚守做人的原则 / 116

第七章 转变观念，培养主人翁意识

把工作当成自己的事业 / 120

全力以赴就能创造佳绩 / 122

按最高标准要求自己 / 125

坚持比别人多做一点点 / 127

尽职尽责才能把工作做到位 / 130

坚定自己的人生信念 / 133

第八章 卸下包袱，化压力为动力

找准工作不称心的原因 / 136

走出职业危机感的误区 / 139

不做危害身心健康的"工作狂" / 142

凡事不要总往坏的方面想 / 145

遭遇挫折要善于自我调节 / 147

心累时要学会释怀 / 149

第九章 确立目标，有计划地工作

有大目标才会取得大成功 / 154

为自己勾画一个蓝图 / 157

找到自己的天赋和目标 / 160

目标要量化 / 163

设立适合自己的目标 / 166

制订一个有效的工作计划 / 169

第十章 团结协作，需要良好的合作心态

团队要有共同的目标与愿景 / 174

运用合力，聚起强大的力量 / 178

团队要讲究的是互帮互助 / 181

离开团队，你会陷入困境 / 184

信任是团队合作的开始 / 187

把合作伙伴当"情人" / 189

第十一章 当好表率，做让人信服的领导

做下属佩服的领导 / 194

有开放的思想和胸怀 / 197

能管好自己才能管好团队 / 199

领导要有一颗强大的内心 / 203

妥协要有原则 / 206

领导要起到良好的带头作用 / 210

领导要养成检查的习惯 / 213

领导应具备利益共享的意识 / 217

第十二章 改正不足，让交往畅通无阻

勇于接受别人的建议与批评 / 220

少说话，多做事 / 222

上司发火时不要当面顶撞 / 224

毫无怨言地接受任务 / 226

不给自己找任何借口 / 229

第十三章 尊重对手，让他成为你的朋友

对手有时也是自己的帮手 / 232

以积极的心态面对挑战 / 235

了解竞争对手，才能与之合作 / 237

尊重对手就是尊重你自己 / 240

停止继续合作的三种人 / 242

帮助对手也是一种智慧 / 245

第一章 积极心态，决定未来的成就

人的心态，在很大程度上决定着人生的价值取向：若是被一些不良的心态所左右，人生就有可能失去发展的机会；若能保持积极的心态，人生的路就会越走越宽，生命的价值就会越来越大……

守住灵魂的大门

一位心理学家这样论述过人生与心态的关系：人生是好是坏，并不是命运决定的，而是由你的信念和处世的心态来决定。生命就像一条溪流，在岁月的原野上不停地流动，如果你不主动、有计划地掌稳自己的航向，它就会随波逐流，消失在连自己也不可知的远方；如果你不在心理和生理的土壤中撒下希望的种子，那么荒草便会蔓生；如果你不主动把自己的心态导向积极的一面，消极灰暗的心境就会导致你步入悲凉的人生。

我们能否用良好的心态，守住灵魂的大门，与能否拥有卓越的人生密不可分。总结起来，良好的心态包括以下十一种。

（一）积极进取的心态

俗话说"人生不如意事十之八九"，人的生命是有限的，谁的人生也无法做到事事都如己意。如何使自己活得有意义、有价值，从根本上讲取决于人的心态。积极的心态和消极的心态，产生的结果截然不同。拿破仑·希尔提出过17条成功定律，其中的第一条被称为"黄金定律"，就是要拥有积极进取的心态。人的大脑很神奇，积极的心态能让你不断地往大脑中枢输入正面的信息，自动过滤和删除消极的信息，不断开启你的心智，想出办法，解决问题。实践证明，成就人生有十大积极心态：执着、挑战、热情、奉献、激情、愉快、爱心、自豪、渴望、信赖；毁坏人生也有十大消极心态：畏惧、愤怒、冷漠、紧张、忧虑、敌意、嫉妒、贪婪、自私、麻木。佛家常讲"心由境造，境由心生"，也是同样的道理。

如何才能培养积极的心态呢？第一，要切断和过去失败经验的所有联系，消除你脑海中的那些与积极心态背道而驰的所有不良因素；第二，要找出你一生中最希望得到的东西，并立即着手去得到它，借着帮助他人得到同样好处的方法，去追寻你的目标；第三，要确定你需要的资源，并制订如何得到这些资源的计划。计划要切实可行，既不保守，也不好高骛远；第四，要认识到打倒你的不是挫折，而是你面对挫折时的心态，并训练自己在逆境之中能发现与挫折等值的积极的一面。

（二）阳光心态

阳光，是世界上最纯粹、最美好的东西，决定我们生活是否快乐的不是头顶上直射的阳光，而是自己心中那一轮冉冉升起的朝阳。亚里士多德说，生活的本质在于追求快乐，而使生命快乐的途径有两条：第一，发现使你快乐的时光，不断增加它；第二，发现使你不快乐的时光，不断减少它。显然，拥有阳光心态的人不是没有黑暗和悲伤的时候，而是他们追寻阳光的心灵不会被黑暗和悲伤遮盖而已。塑造阳光心态，需要明确自己的价值期许（期望值过高或过低都不恰当，每个人都应该对自己有正确的判断和估量）；需要不断地反思自己的情绪（认识自己是困难的，但也是十分重要的，要学会善待自己）；需要及时调整自己的心态；

需要建立平衡的人生目标；需要保持健康的身体。

（三）创新求变的心态

创新，就是首创前所未有的具有相当社会价值的事物（或形式），创新过程的实质就是建立某种新东西，而非原有事物的再现，也就是说，创造性即非重复性，创新就意味着突破、飞跃和前进。

人类的发展史，就是不断创新的历史。国家之间的经济竞争，实际上是创新能力和创新规模的竞争。哪一个民族和国家善于创新，就发展迅速，日益强大；如果因循守旧，就日渐衰落，在世界上就会处于被动挨打的地位。哪一个民族和国家在某个时期善于创新，这个时期它就发展迅速，就强大；当创新能力衰落了，创新少了，就会落后。

个人的发展同样如此。我们生活在一个飞速发展的社会中，变是绝对的，不变是相对的。当今世界，唯一不变的是变，以变应变和在别人未变之前自己先变，这是竞争社会的赢家要领之一。创新求变首先要增强观念创新的意识，有了想法，有了观念的创新，就会觉得自己的知识还不够，工作还可以做得更好，自然就会有一种求知的心态，求上进的心态，创新求变的心态。

（四）超越突破的心态

人类最大的敌人就是人类自己，说到底是自己的心理世界。其实，每个人身上都蕴涵着巨大的潜能，潜藏着才能、智慧和力量，如果你能充分地发掘出来，就能突破自我，超越人生的梦想，获得最大的成功。

战胜自我的过程就是一个超越的过程,当你遇到心灵障碍这个巨大的敌人时,恐惧感油然而生,但当你超越了自己的恐惧,就获得了新生,你就会感到轻松自在。

现实生活中,我们时常会面对这样或那样、见仁见智的意见,使自己陷入左右为难、无所适从的尴尬境地。如果缺乏自信和主见,对别人的意见缺乏思辨能力,左右摇摆,举棋不定,就一定会耽误时机,浪费资源,影响成功。其实,对于别人的意见大可不必惶惑,我们能否善于分辨、正确处理,关键还是在于我们自身。

那么,如何"突破自我""超越自我"呢?答案就是:要调整自己的心态,充分合理地利用资源,突破思维定式,具备一定的身体条件,加强有效沟通,有明晰的工作思路和正确的工作方法,加强团队合作,克服心理障碍,相信自己能够成功。

(五)辩证统一的心态

这是一种观察世界、认识事物、了解自己、判断是非的心态。人生在世,有得有失。俗话说得好:"上不完的当,占不完的便宜。"我们应当深刻地认识到:人生的价值是多元的。希望所有的阳光都照射到自己身上是不可能的,但整天以为全世界都是黑暗的也是不可取的。老子说:"祸兮福之所倚,福兮祸之所伏。"上帝是公平的,当他关上一扇门时,自然会为你打开另一扇门。任何事情的出现都可能有两种结果:一种是好,一种是坏;一种是成功,一种是失败,各有50%的可能。上帝给了我们每个人50%的成功的可能,只要我们坚持不懈地努力,这种可能就会变成100%。

（六）平和从容的心态

心态，犹如一把弦乐器，弦松了紧了，都要变调，只有不失时机地加以调整，弦音才会纯正。当心态有了平和而又不失进取的弦音，我们生存在这个社会中才能左右逢源，许多棘手的问题便能迎刃而解。和谐，首先应该是自身的和谐，要真正做到自身的和谐，首先是要学会平和从容。珍惜光阴何叹人生短暂，把握自己不愁世事艰难，得失浮沉坎坎坷坷常会有，功名利禄平平淡淡最为真。世上美好的东西有很多，我们总是希望自己拥有尽可能多的东西。但你可能没留意，失去也是美好的，也是有收获的，如果你失去了阳光，还有星星；失去了金钱，还有友谊；当生命离开你的时候，你拥有了大地的亲吻。

具有平和心态的人，能够正确看待人生，他们不会为权力、地位、金钱的诱惑而放弃人生的道德准则，他们心境坦然而又平实。拥有平和心态的人，永远可以保持悠然、恬静和健康的身心，从而显得从容有致、胸怀博大。

要做到平和，就需要正确认识自己：一是客观。忠于事实，不为过高愿望所诱惑；二是全面。既不要一概肯定，也不要一概否定；三是从严。宁可以寸量长、以尺量短，也不要以尺量长、以寸量短。

要做到平和还要正确对待他人，要将心比心、以心换心，有理解别人的能力，希望别人好的愿望。但不要指望所有的人都说你好。否则，便会经常陷入痛苦之中。

（七）主人翁心态

主人翁心态，是指一种使命感、责任心、事业心，是一种从大处着眼、小处着手的工作精神，是对效率、效果、质量、成本、品牌等方面持续的关注与尽心尽力的工作态度。

主人翁心态，就是要求我们对待工作、对待组织，要像主人一样思考、一样行动。把单位的事当成自己的事，主动去考虑什么是自己应该去做的，什么是自己不应该去做的，考虑单位的一点一滴，将自己的命运与单位的命运紧紧地联系在一起，与单位共患难，共发展。

要有做主人翁的心态，明白自己是为自己打工。它意味着只要我在做，我就要全力以赴；只要我在做，我就要把自己的潜力发挥到极致；只要我在做，我就要成就精彩的自己。有了主人翁心态，就会成为一个值得信赖的人，一个可托付大事的人。

（八）共赢心态

当今世界，全球化、信息化、网络化不仅加剧了竞争，而且促进了合作。在一个共荣共赢的时代，没有共赢思维和合作能力的人，最终将会失去生存发展的机会。

人生有"三成"，即"不成""小成""大成"。依赖别人、受别人控制和影响的人将终生一事无成；孤军奋战、不善合作的人，只能取得有限的成功；只有善于合作、懂得分享、利人利己的人才能成就轰轰烈烈的大事业，实现人生的大成功。

共赢是人际关系的最高境界，是成就大事业的前提。现实生活中一般有四种人：第一，能力不强但态度很好；第二，能力强但态度不好；第三，没有能力态度又不好；第四，能力强且态度积极（敬业负责，表现忠诚，成长第一，加强沟通，不与上司争名）。哪种人受欢迎不言而喻。所以，要注意塑造共赢的心态，学会互利共生，学会微笑竞争，学会宽容，学会妥协；要确立共赢的品格，既利人也利己；要懂得自己所遇到的困难，需要靠上司、下属、同事、朋友等方方面面的支持和帮助，用团队的力量去战胜它们。

（九）感恩心态

感恩是一种美好的感情，是一种健康的心态，是一种良知，是一种动力，是一种对自然、社会、他人的尊重，是对自然规律、社会规律和生命价值的敬畏与崇拜。

有位哲学家说过，世界上最大的悲剧或不幸，就是一个人大言不惭地说，没有人给我任何东西。

"送人玫瑰，手有余香。"我们要学会感恩国家、社会、单位、领导、父母，甚至对手和敌人。人生在世，要学会分享和给予，养成互爱互助的行为习惯。给予越多，人生就越丰富；奉献越多，生命才越有意义。心存感恩，人与人、人与自然、人与社会才会变得和谐而亲切，我们自身也会因此变得愉快而又健康。心存感恩的人，才能收获更多的人生幸福和生活快乐，才能摒弃没有意义的怨天尤人。心存感恩的人，才会朝气蓬勃，豁达睿智，好运常在，远离烦恼。一个懂得感恩并知恩图报的人，才是天底下最富有的人。

感恩心态带给我们的是一种幸福的生活方式，一种利人利己的行为方式，一种不求回报的自觉行动，是我们走向成功的一堂人生必修课。

（十）空杯心态

所谓空杯心态，就是随时对自己拥有的知识和能力进行清理，清空过时的"心灵垃圾",为不断吸取新思想、新知识、新能力留出空间,永不自满,始终保持求知进取的欲望。

空杯心态要求我们,要对自我不断扬弃和否定;要做到忘却暂时的成功,在鲜花和掌声面前看到差距,在困难和挫折面前不失信心;要不断清洗大脑和心灵,把外在和内在的过时的东西、心灵的杂草、大脑的垃圾信息通通清除;要在社会的变化中坚持学习,与时俱进。

一个人要有所作为,就应具有空杯心态,这是一种挑战自我的永不满足的心态。因此,塑造空杯心态就是要做到:永不自满;定期给自己复位归零;勇敢地走出经验的误区,打破思维的惯性和惰性,克服骄傲自大,全面接受新的知识和技能;不能忘记成功背后可能的失败,要时刻保持清醒的头脑。

(十一)执着心态

众所周知,在成功的道路上,总会遇到各种各样的挫折和困难,这时最可贵的是"坚持"。成功者绝不会放弃,放弃者绝不会成功。命运在于搏击,奋斗就有希望。失败只有一种,那就是放弃。这就是生活中的辩证法。

1948年,牛津大学举办题为"成功秘诀"的讲座,邀请丘吉尔去演讲。演讲的那一天,会场上人山人海。丘吉尔用手势止住大家雷动的掌声说:"我的成功秘诀有三个:第一是,决不放弃;第二是,决不、决不放弃;第三是,决不、决不、决不放弃!我的演讲完了。"说完他就走下讲台。会场上沉寂了一分钟后,突然爆发出更热烈的掌声,经久不息。

一本名为《成功并不像你想象的那么难》的书,从一个新的角度告诉人们,成功与"劳其筋骨,饿其体肤""三更灯火五更鸡""头悬梁,

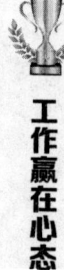

锥刺股"并没有必然的联系。只要你对某一事业感兴趣，长久地坚持下去，就会成功，因为上帝赋予你的时间和智慧足够你圆满地做完一件事情。只要一个人还在朴实而饶有兴趣地生活着，他就会发现，造物主对世事的安排，都是水到渠成的。

我们应当明白，执着是非凡的意志力，是一种偏执和专注，是一种必定达成的信念，是百折不挠、永不放弃！

心态决定成败

人在社会中总要扮演多个社会角色，这也决定了他们特定的心态。人们必然会怀着这种心态对待自己的生活和事业。我们不妨静下心来想一想，为什么有些人比其他人更成功，拥有不错的工作、良好的人际关系、健康的身体，整天快快乐乐地享受高品质的生活，似乎他们的生活总是比别人过得好，而许多人忙忙碌碌地劳作却只能维持生计？

其实，人与人之间在智力上并没有多大的区别，但为什么在工作和生活上会有如此之大的差别？心理学家发现，这个秘密就是人的心态不同。心理学上是这样定义心态的：心理态度主要是指动能心素和复合心素，包括诸种心理品质的修养和能力。换句话说，心态就是人的意识、观念、动机、情感、气质、兴趣等心理状态。它是人的心理对各种信息刺激做出反应的趋向。人的这种心理反应趋向不论是认识性的、情感性的，还是行为性的、评价性的，都对人的思维、选择、言谈和行为具有导向和支配作用。所以，我们有充分的理由相信，人生的成败受许多因素的影响，但是，起决定作用的还是心理态度。

心理态度是决定人生命运的舵手。一位哲人说："你的心态就是你真正的主人。"一位伟人说："要么你去驾驭生命，要么生命驾驭你。你的心态决定谁是坐骑，谁是骑士。"佛说："物随心转，境由心造，烦恼皆由心生。"说的是一个人有什么样的精神状态，就会产生什么样

的生活现实。歌德也曾说过:"人之幸福在于心之幸福。"

有一位名叫胡达克鲁丝的老太太,邻居W夫人和她是同龄人。她们在共同庆祝七十大寿时,W夫人认为,人活七十古来稀,自己已年届七十,是该去见上帝的年龄了。因此她决定坐在家里,足不出户、颐养天年。她为自己做寿衣、选墓地、安排后事。而胡达克鲁丝则认为:一个人能够做什么事,不在年龄的大小,而在于自己的想法。于是她开始学习登山,其中有几座还是世界上有名的高山。她95岁高龄时,登上了日本的富士山,打破了攀登此山最高年龄的纪录。同样是70岁,两人采取的行动不同,命运也截然不同。

人的生活并非只是一种无奈,而是可以由自身主观努力去把握和调控的,人生的方向是由态度来决定的,其好坏足以明确我们构筑的人生的优劣。心态的不同必然导致人格和作为的不同,而且会有天壤之别。不良的心态是形成不良性格与不良人生的主要根源,心态是我们命运的控制塔,而且它是我们唯一能够完全掌握的东西。

心态决定我们的人生历程,人一生中的最关键的部分,是由心态左右的。通过或成功,或挫折,或无畏的人生历程,你可以发现心态是怎样左右我们的人生,怎样决定我们的成功或失败的。

每一个想在工作中成功的人都应该认识到:只要我们保持良好的心态,它就能带领我们走向人生的辉煌。

对自己充满信心

现代社会，每天都有很多人开始新的追求，希望自己能够登上高于一般人的人生高度，享受随之而来的成功。但是，大多数人因为缺乏"信心"，也就无法到达成功的彼岸；也正是因为他们不相信自己能达到成功，所以宁愿维持现状，也不愿再去做更进一步的努力。

成功的人，都对自己充满信心，他们会研究成功人士的各种作为，学习他们的工作方法，并敏锐地抓住机遇，从而踏上了成功之路。

自信的人对自己的智力和能力深信不疑，对自己性格内涵的正确性与合理性深信不疑，对自己正在实施的行为的正确性深信不疑，对自己所从事的事业的正确性深信不疑。可见，自信心是一个人对自身的一切以及自己所从事的活动与事业的正确性深信不疑的心态特征。正因为他们深信自身的一切，以及从事活动的正确性，才敢于真诚地表述自己的思想与感情，才能按自己的意愿采取行动，而不会故意掩饰自己的思想与情感，不会违心地顺从别人。

尽管如此，并不能说自信心是认识的产物，也不是说一个人只要对自身的一切和事业的正确性有了深刻的认识，就会自动具有自信的性格。与乐观等其他核心特质一样，自信心是个人性格的核心特质，其形成和发展基于一个人过去的生活体验和生活经历。过去生活中的成功经验与自我胜任感越多、越深厚，自信心就越强。尤其是在面对艰难的困境，经历数次挫折后，却能化险为夷、获得成功的生活体验，最能让人充满自信。

自信是一种乐观地对待生活的态度，它较少受认知的影响。自信方面的障碍并不是认知障碍，而是与以往的经历和体验密切相关的情绪障碍。缺乏自信的人，有时尽管在意识上充分地认识到自己完全有能力胜任某一件事，但还是没有信心去干。

自信的人总是最具魅力的，朱镕基总理就是一个典型的代表。在九届人大二次会议即将结束之时，国务院总理朱镕基答记者问的精彩场面，给世界人民留下了深刻的印象。朱总理那从容不迫的谈吐和胸有成竹的自信，征服了无数观众。如在回答记者有关人权的问题时，朱总理从容应对："……我只想讲一桩事情，就是美国国务卿奥尔布赖特最近访问中国时，我告诉她一句话。我说：'我参加争取和保障人权运动的历史比你早得多。'她说：'是吗？'表示她不同意我的意见。我说：'不是吗？我比你大10岁，当我冒着生命危险同国民党政权做斗争，参加争取中国的民主、自由、人权运动的时候，你还在上中学呢。'……"听到这一席话，电视机前的观众不禁长时间地热烈鼓掌。朱总理凭借过人的机智和自信，在世人面前为中国政府树立了全新的形象。

只要与他人在一起，我们就会时刻展现我们的心态，时刻表现我们的希望或担忧。我们的声望以及他人对我们的评价，和我们能否成功有很大的关系。如果我们不能赢得别人的信任，如果我们经常在别人面前表现出消极的一面，那么，我们将很难获得好的发展机会。

如果我们拥有好心态，我们展示出来的是一种坚毅和无所畏惧的形象，这样，我们的事业必定会获得巨大的成功。如果我们养成了一种时时刻刻都具有必胜信心的心态，那人们就会认为，我们比那些丧失信心或那些给人以软弱无能、自卑胆怯印象的人，更具备成功的潜质。

要使他人相信我们，我们自身首先必须展现自信和必胜的良好心态。世人都欣赏那种具有胜利者气度的人，那种给人以必胜信心的人和那种总是在期待成功的人。

走出心灵误区

每个人都希望自己事业有成。事业的成败与人的能力有关，同时也与对自己的定位有关。

个人能力的发挥和个人心态类似于一种强相关关系。两者在心态平和区间内是强正相关关系，当心态失衡时两者呈强反相关关系。从心理学的定义来讲个人的能力，也是个人顺利完成某种活动所必备的个性心理特征。

有的人牢骚满腹，从来没有满意过，一直到退休也是指手画脚，但是，交给他的工作却是大多办不成。这一类人的心中，往往充斥着牢骚和抱怨。这类人把自己定位定高了，没那么大的能力又想干那么大的事，到头来一定是一事无成。给自己定位定低的人，虽然不是很多，但也是一种现实存在，他们有所谓的自卑感，自卑感的存在大多是暂时的，如果长久地存在，一定是有心理或生理上的缺陷。这一类人的心中，往往存在着畏惧与退缩。

最理想的状态，就是能够客观地把握自我的定位，目标与自己的能力相适应，这是最能够发挥个人才能的心态。这种人在社会中占的比例不大，尤其是高能力人群中具有能够客观把握自我定位心态的人是社会的宝贵资源。

给自己一个良好的定位，在自己事业发展的过程中，不断提高自身的定位水平，这就需要良好的素养，实际上就是平和的心态。因为他总在一种努力奋争、安心满意的心态下工作，当取得一个成功后，再去争取一个新的符合实际的目标，又有一段新的奋斗、成功、再奋斗，这样的循环一定会是良性的循环，带来的是一种相对稳定而又不断发展的状态。但有些人却表现出懒散的作风和浮躁的心态，正是这些负面的东西对人的成长造成障碍，主要表现是：自我感觉过于良好，给自己定的目标属于幻想型；牢骚多，一切都是别人不对；工作中不精益求精，不考虑为他人创造方便；将个人利益看得过重，总想短期致富；不会做任何自我批评；等等。存有这种心态的人，永远都不会成功。

对每一个人来讲，可怕的是自己给自己定一个脱离实际的"远大"目标。耗尽毕生的精力去追求一个无法达到的目标是一种痛苦，也是对自己人生资源的不负责任和浪费。有的人要求自己踏踏实实努力工作，而有的人追求脱离自身能力的高目标而不崇尚务实工作（具有相同的能力、条件、环境），两者会产生截然不同的结果。

不要拿一个完美的东西来不断苛求、折腾自己。很多刚从学校出来的人，容易充满幻想而不管现实是什么状况，不管自身是什么能力，总想拿出很理想化的东西。脱离现实就不叫生活，而是折腾，是在浪费资源。自认为具有干大事的能力，想到一个什么点子总认为比别人强，非要自己干，而给自己的定位又很高，这种人往往看不到自己的不足，也不会想到借助别人和社会的帮助。在这种心态下，他会认为自己的能力被压抑了，社会处在失衡的状态，实际上是他的心态失衡。

心态平和主要表现为对正确目标的永恒追求。从这个角度来讲，当目标被实践证明是正确的时候，方法也要正确，心态要平和。每个人的心

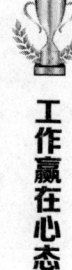

态从这个意义上讲，都是实现目标的基础，一定要把自己定位在与能力相适应的目标上，千万不要定高了，要实事求是。从目前自我定位的实际情况来看，给自己定低的绝少；定得适中，也就是说自定目标与自己能力相匹配的不多；最多的是定高了，大多数人或多或少地把自己的能力高估了。

对自己能力高估的心态，从积极的意义上讲，它的存在也并非全是坏事，如果人人知足自满，社会就失去了发展的推动力。但是，在这方面我们绝不能走向另一个极端，那是会危及社会稳定的。既然目前社会上对自己能力高估的人是普遍存在的，那么，就要把这部分人的心态拉回到平和的状态。准确地分析和判断每个人的能力、心态以及不知足的动力分类，并且做好引导和转换工作，让他们走出心灵的误区。

要充分地认识到每个人是否永不知足跟他的能力有关，如果他就是拿破仑，有能力指挥千军万马，他不知足就对了。但他如果只是一个普通人，并且不满足于只是个士兵，其心理和口头上的招牌就是拿破仑的一句名言："不想当将军的士兵不是好士兵。"他当不了将军就不满足，就生气，怨别人，你们怎么不推举我，领导怎么不选我，从来不在自己的能力和心态上找原因，从来没想一想你自己连做一个士兵都不称职，如何当将军？

因此，应该提倡的心态是平和的心态，要保持这样的心态，重要的是经常进行自我批评，多看自己的不足，多学习别人的优点，提倡个人忧患意识，只有这样，才能不断地寻找自身的差距，才能克服怨天尤人的心理，从而保持平和的心态。这也和我们当今建设和谐社会的理念相吻合。和谐，首要的就是人自身的平衡，内心的平和。

积极心态激发无穷力量

所罗门国王曾有这样的言论："他的心怎样思量，他的人就是怎样。"换言之，人们相信有什么样的结果，就可能有什么样的结果，人不可能拥有自己并不追求的成就。积极的人生是自己掌握自己的命运，自己做自己的主人，这是人的本性。我们把自己想象成什么样子，就真的会成为什么样子。

在纽约市第五大街的一家裁缝店里，一位打杂的小姑娘不想一直做个售货员，她觉得自己将来可以成为想要成为的那个人。店主是个女老板，不但店铺经营得很好，而且在各个方面也非常地完美，小姑娘就想要成为女老板那样的一个优雅而又独立的女性，因此她每天都会模仿女店主的笑容、姿势，还有更重要的气质方面的修养。这家店是比较有名气的时装店，经常来逛的都是一些上流社会的女人，小姑娘觉得自己以后就应该过那样的生活。她学着她们的雍容之姿，暗地将自己努力向她们靠拢，她把自己想象成店主，想象成那些举止雍容而又优雅的女士，渐渐地她身上就有了那些气质，后来老板就将店铺交给了她，她真的就成为了自己想成为的那个人！积极心态催动我们的行为，迫使我们去行动！想法决定行动，行动改变命运！我们本不平凡！

世上无难事，只怕有心人。拿破仑·希尔说："把你的心放在你想要的东西上，使你的心远离你所不想要的东西。"对于有积极心态的人来说，每一种逆境都含有等量或者更大利益的种子。有时，那些似乎是逆境的

东西，其实隐藏着良机。真正从心底喜欢投资和交易的人，就应该将我们全部的身心投入我们长期平稳盈利的目标之中，直面失败，排除万难，坚持不懈，这样才能走向成功。

一代伟人周恩来就是一个在困难面前永不畏惧、积极进取的人。目睹患难之中国，年仅13岁的他就庄重地确立了"为中华之崛起而读书"的坚定信念。为了追求真理，他东渡日本、远赴欧洲考察，在彷徨中决意另辟"新思想"，"对一切主义开始探索比较"，最终选择了共产主义这个良方。从此，对共产主义坚信不疑。从爱国到倾向革命到信仰共产主义并为之奋斗，体现了他追求真理、崇尚理想的执着精神。一旦信念确立，便坚信不疑，矢志不渝，把整个身心放在共产主义事业上，以人民的疾苦为忧，以世界的前途为念。在党领导的新民主主义革命时期，他为寻找真理东奔西走，为寻求解放北上南下，南昌举旗，西安周旋，重庆舌战……历经无数艰难险阻，为中国人民的解放事业立下不朽的功勋。新中国成立以后，从日内瓦到万隆，他遍访各国；从西双版纳到天山，他深入各地；为民富国强，他呕心沥血，反复探求，躺在病床上还在筹划祖国的统一与四化大业，生命不息，奋斗不止。

拥有积极心态的另一个突出表现就是投入，一切的一切关键就在于投入，投入代表热爱和激情，投入才能获得愉快。看一场球就想自己去打一场，做一顿饭就一定做得有色有味，写一篇文章会忘乎所以，看一部好的电影会热泪盈眶，进行一项研究会废寝忘食，一切都那么吸引人，那么有趣味。而激情投入的结果将增大成功的可能性。当然，世间诸事不可能都一帆风顺，法拉第的名言"拼命去争取成功，但不要期望一定会成功"与我们中国古代的名言"尽人力而听天命"可谓不谋而合，它们都表达了一个人生的准则，概括起来就是，不要在临终前对自己一生的行为有丝毫的后悔，想到就尽力去做。

拥有积极心态的人，看待事物时，既考虑好的一面，也考虑坏的一面，但他强调好的一面。因为这样可以产生良好的愿望和结果；他不会否认消极因素的存在，但他早已学会了不让自己沉溺其中；他常能心存光明远景，即使身陷困境，也能以愉悦和创造性的态度走出困境，迎向光明。成功和失败之间的区别就在于心态的差异，即成功者着意凸显积极的一面，失败者总是沉迷消极的一面。为什么一定要身背三座大山上路呢？为什么一定要"风萧萧兮易水寒，壮士一去兮不复还"？何不轻装上阵，付出定有回报。不懈进取的历程，积极投入的人生，会使你很快发现自己的长处和短处，从而正确评价自己，根据自己的目标制定适合自己的行进方式，缩短走向成功目标的距离。老一辈无产阶级革命家邓小平一生"三起三落"，他在受到打击、身处逆境时，不消极，无私无畏，不屈不挠，积极面对挫折，不忘思考国家前途，最终领导我们走向中国特色社会主义道路，也才有了今天富强的中国。

积极的心态，是成功的催化剂，它能使一个懦夫成为英雄，从畏缩懦弱变得意志坚强；它使人格变得温暖活泼，富有弹性，使人充满进取精神和抱负，使人心中充满无穷的力量。

修炼好的心态

好的心态是人人都可以通过修炼学到的，无论你原来的处境、气质与智力怎样。

拿破仑·希尔说，有些人似乎天生就会运用PMA（积极心理能力），使之成为成功的原动力，而另一些人则必须经过修炼才能学习使用这种能力，并且，每个人都是能够通过修炼学会发展积极的心态的。

培养和修炼PMA必须从以下几个方面做起。

（一）言行举止像你希望成为的人

许多人总是等到自己有了一种积极的感受再去付诸行动，其实是本末倒置。积极行动会导致积极思维，而积极思维会导致积极的人生心态。心态是紧跟行动的，如果一个人从一种消极的心态开始，等待着感觉把自己带向行动，那他就永远成不了他想做的积极心态者。

（二）要心怀必胜、积极的想法

美国工业家安德鲁·卡内基说过："一个对自己的内心有完全支配能力的人，对他自己有权获得的任何其他东西也会有支配能力。"当我们开始运用积极的心态，并把自己看成成功者时，我们就开始成功了。

想收获成功的人生，就要学习当个好"农民"。我们绝不能仅仅播下几粒积极乐观的种子，就指望不劳而获，我们必须不断给这些种子浇水，给幼苗培土施肥。要是疏忽这些，消极心态的野草就会丛生，夺去土壤的养分，直至庄稼枯死。

照看好生机勃勃的庄稼，别给野草浇水。正如《圣经》所说的："凡是真实的、可敬的、公平的、清洁的、可爱的、有美名的，若有什么德行，若有什么称赞，这些事你们都要考虑。"

（三）用美好的感觉、信心与目标去影响别人

随着你的行动与心态日渐积极，你就会慢慢获得一种美满人生的感觉，信心日增，人生的目标感也越来越强烈，别人也会被你吸引，因为人们总是喜欢跟积极乐观者在一起。运用别人的这种积极响应，来发展积极的关系，同时也可以帮助别人获得这种积极态度。

（四）使你遇到的每一个人都感到自己重要、被需要

每个人都有一种欲望，即感觉到自己的重要性，以及别人对他的需要与感激。这是我们普通人的自我意识的核心。如果你能满足别人心中的这一欲望，他们就会对自己，也会对你抱积极的态度，一种"你好我好大家好"的局面就会形成。美国19世纪哲学家兼诗人拉尔夫·沃尔都·爱默生说："人生最美丽的补偿之一，就是人们真诚地帮助别人之后，同时也帮助了自己。"

使别人感到自己重要的另一个好处，就是反过来会使你自己感到重要。这是积极心态带给你的另一个报偿。

（五）心存感激

在日常生活中，那些持有NMA（消极心理能力）心态的人常常抱怨：

父母抱怨孩子们不听话，孩子们抱怨父母不理解他们，男朋友抱怨女朋友不够温柔，女朋友抱怨男朋友不够体贴。在工作中，也常出现领导埋怨下级工作不得力，而下级埋怨上级不够理解自己，不能发挥自己的才能。他们对生活总是抱怨，而不是一种感激。拿破仑·希尔认为，如果你常流泪，你就看不见星光，对人生对大自然中一切美好的东西我们要心存感激，人生就会显得美好许多。

（六）学会称赞别人

在人与人的交往中，适当地赞美对方，会增强和谐、温暖和美好的感情。你存在的价值也就被肯定，使你得到一种成就感。丘吉尔说过："你要别人具有怎样的优点，你就要怎样地去赞美他。"实事求是而不是夸张的赞美，真诚的而不是虚伪的赞美，会使对方的行为更增加一种规范。同时，为了不辜负你的赞扬，他会在受到赞扬的这些方面全力以赴。赞美具有一种不可思议的推动力量，对他人的真诚赞美，就像荒漠中的甘泉一样让人心灵滋润。许多杰出的音乐歌唱者或运动员之所以在后来的专业领域中能大放异彩，大多是年幼时参与歌唱、运动等活动表现优异时，受到赞赏，激发出一股自信与冲劲而引发出潜力的。

因此，在生活和工作当中，我们也应该这样，以鼓励代替批评，以赞美来启迪人们内在的动力，自觉地克服缺点，弥补不足，这比你去责怪，去埋怨会有效得多。这样将会使人们都怀着一种积极的心态，创造出一种和谐的气氛，从而有利于事业的成功和生活的幸福。由衷地赞美所带给对方的愉快及被肯定的心情，也使你分享了一份生活的喜悦和乐趣。

（七）学会微笑

微笑是上帝赐予人的专利，微笑是一种令人愉悦的表情。面对一个微笑着的人，你会感到他的自信、友好，同时这种自信和友好也会感染你，使你油然而生出自信和友好，和对方亲近起来。微笑是一种含义深远的身体语言，微笑是在说："你好，朋友！我喜欢你，我愿意见到你，和你在一起我感到愉快。"微笑可以让对方增强自信，微笑可以打破人们之间的陌生感和隔阂。当然，这种微笑必须是真诚的，发自内心的。正如英国谚语所说："一副好的面孔就是一封介绍信。"微笑，将为你打开通向友谊之门，如果我们想要发展良好的人际关系，建立积极的心态，那么，我们非要学会微笑不可。

（八）到处寻找最佳的新观念

拥有积极心态的人，时刻在寻找最佳的新观念，因为这些新观念能增加积极心态者的成功潜力。正如法国文豪雨果所说："没有任何东西的威力比得上一个适时的主意。"

有些人认为，只有天才才会有好主意。事实上，要找到好主意，靠的是态度，而不仅仅是能力。一个思想开放有创造性的人，哪里有好主意，就往哪里去。在寻找的过程中，他不轻易扔掉一个主意，直到对这个主意可能产生的优缺点都彻底弄清楚为止。据说，世界最伟大的发明家之一托马斯·爱迪生的一些杰出的发明，都是他在思考一个失败的发明，想给这个失败的发明找一个额外用途的情况下诞生的。

（九）放弃鸡毛蒜皮的小事

拥有积极心态的人，不把时间和精力花在小事情上，因为小事情使他们偏离主要目标和重要事项。如果一个人对一件无足轻重的小事情作出反应——小题大做的反应——这种偏离就产生了。

瑞典于1654年与波兰开战，可笑的是，原因竟是瑞典国王发现在一份官方文书中他的名字后面只有两个附加的头衔，而波兰国王的名字后面有三个附加头衔。

虽然我们不可能因为一点小事而发动一场战争，但我们肯定能因为小事而使自己周围的人不愉快。要记住，一个人为多大的事情而发怒，他的心胸就有多大。

（十）培养一种奉献的精神

曾被派往非洲的医生及传教士阿尔伯特·施惠泽说："人生的目的是服务别人，是表现出助人的激情与意愿。"他意识到，一个积极心态者所能做的最大贡献是给予别人。

前任通用面粉公司董事长哈里·布利斯曾这样忠告公司的推销员："忘掉你的推销任务，一心想着你能带给别人什么服务。"他发现人们一旦思想集中于服务别人，就马上变得更有冲劲，更有力量，更加无法拒绝。说到底，谁能抗拒一个尽心尽力帮助自己解决问题的人呢？

今天我们的党员干部所要树立的执政为民理念，其实就是树立服务意识。权为民所用、情为民所系、利为民所谋，就是我党执政为民，树立为人民服务意识的真实写照。

（十一）不要消极地认为什么事是不可能的

永远也不要消极地认定什么事情是不可能的，首先你要认为你能，然后去尝试，再尝试，最后你就会发现你确实能。

对于变不可能为可能，拿破仑·希尔曾经用过一种奇特方法。

年轻的时候，拿破仑·希尔抱着一个当作家的雄心。要达到这个目标，他知道自己必须精于遣词造句，字词将是他的工具。但由于他小时候家里很穷，所接受的教育并不完整，因此，"善意的朋友"就提醒他，说他的雄心是"不可能"实现的。

年轻的希尔存钱买了一本最好的、最全的、最漂亮的字典，他所需要的字都在这本字典里面，而他的意念是完全了解和掌握这些字。但是，他做了一件奇特的事，他找到"不可能"（impossible）这个词，用小剪刀把它剪下来，然后丢掉，于是他有了一本没有"不可能"的字典。后来，他把他整个的事业建立在这个前提下，那就是对一个要成长，而且要成长得超过别人的人来说，没有任何事情是不可能的。

我们不是建议你把"不可能"这个词从你的字典里剪掉，而是建议你要从你的心中把这个观念铲除。谈话中不提它，想法中排除它，态度中抛弃它，不再为它提供理由，不再为它寻找借口，把这个词和这个观念永远地抛弃，而用光辉灿烂的"可能"来替代它。

（十二）经常使用自动提示语

积极心态的自动提示语是不固定的，只要是能激励我们积极思考、积极行动的词语，都可以作为自我提示语。拿破仑·希尔曾列举出一些有重要意义的提示语，以供参考：

人的心神所能构思而确信的，人便能完成它。

如果相信自己能够做到，你就能够做到。

我心里怎样思考，就会怎样去做。

在我生活的每一方面，都一天天变得更好而又更好。

现在就做，便能使异想天开的梦变成事实。

不论我以前是什么人，或者现在是什么人，倘使我是凭 PMA 行动的，我就能变成我想做的人。

我觉得健康！我觉得快乐，我觉得好得不得了。

如果我们经常使用这一类自我激发性的语句，并融入自己的身心，就可以保持积极心态，抑制消极心态，形成强大的动力，达到成功的目的。一些重要的激发词还应当经常使用，并牢记于心，让它们成为心神的一部分。那样，潜意识才会闪现到意识中来，用 PMA 指导人的思想，控制感情，决定命运。

第二章 放弃懈怠，满怀热情地去工作

以积极的心态对待工作，我们会对自己的工作充满热情。这时候，积极、热情就是送给自己和工作的最好礼物。在工作中，以积极的心态面对一切，就能点燃我们的激情，不仅感觉不到辛苦和单调，还会因为我们的表现获得人生和事业的成功。

积极化不可能为可能

真正希望过"很宽阔、很美好的生活",就创造它吧,和那些正在英勇地建立空前未有的、宏伟事业的人手携手地去工作吧。在生活中,堆积了许多美好的、实际的工作,这些工作会使我们的土地富饶,会把人从偏颇、成见和迷信中解放出来。

——高尔基

有一年,吴王意欲攻打楚国。经过不断谋划,吴王自以为所拟的出兵计划已是绝无仅有的万全之策!

可当吴王正为此得意扬扬之际,大臣们却都认为"此时不宜攻楚",并纷纷劝谏、阻止吴王的计划!

可是向来刚愎自用的吴王,不仅全然不顾,反而下令:"谁敢再对此事有任何意见,一律斩首示众!"

也觉此事不妥的太子友,心里虽极想进言,却又担心因此触怒父王,只好闭口不言了。

太子友在日思夜想、犹豫不决之中忽然心生一计!

隔日起,太子友每天一大清早起身,就立刻背着弹弓、带着弹丸,前往王宫的后花园里徜徉、徘徊,久久不愿离去……

数日后,太子友这反常的行径被吴王察觉了!

吴王问儿子何以这么做的时候，太子友缓缓答道："这园里，有只蝉正自得其乐地停在一棵树上，一面吮着露汁，一面轻哼着歌。它全没想到自己身后，有只张牙舞爪的螳螂，正虎视眈眈地望着自己。而这螳螂，一心只关注自己眼前的蝉，却没发觉自己的头上，也正蛰伏着一只垂涎三尺的黄雀。"

"至于这黄雀嘛，它大概也万万没料到——这棵树下，竟还有一个我，正举起弹弓瞄准它呢！"

说到这儿，太子友顿了一会儿，才继续说："树上这三个利欲熏心的家伙，都只看到近在眼前的利益，却完全忽略自己身后可能会有的灾祸，这真令我觉得可笑，又为它们感到悲哀……"

吴王听到此处随即恍然大悟，对太子友说："对呀！你说得一点儿也没错！"

于是吴王打消了攻楚的念头……

这个故事中的太子友，就是一位心态积极的人，他不需要冒着生命危险去"犯颜直谏"，只是通过巧妙的思考，完成了看起来不可能完成的任务。所以，只要积极应对，没有什么不可以改变！

"积极"，就是要我们在自己的生活与生命中，无论面临何种境况，都要"带着微笑，努力前行"；无论遇到如何棘手的问题，哪怕看起来是无法完成的，也要开动脑筋，用换一种思考方式的心态，寻找合适的解决之道。

职场人存在着形形色色的困惑，有人感觉职场压力太多，比如：工作中不能独当一面、遭遇排挤、得不到领导的赏识等。其实，只要记住一点——以积极的心态去面对，去解决。

长年累月地持续努力，即使我们原先处于再苦、再难、再困窘、再无奈、

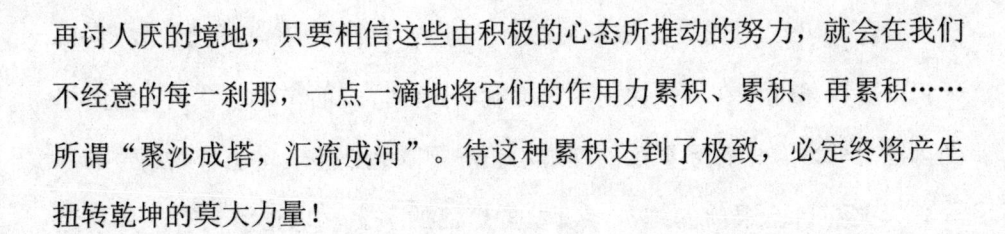

再讨人厌的境地，只要相信这些由积极的心态所推动的努力，就会在我们不经意的每一刹那，一点一滴地将它们的作用力累积、累积、再累积……所谓"聚沙成塔，汇流成河"。待这种累积达到了极致，必定终将产生扭转乾坤的莫大力量！

快乐工作带来的收获

你是不是这样的人——总觉得自己所在的行业很冷，或是自己的职位是单位里最不起眼的，没有什么大的发展。于是你工作时总打不起精神，甚至会牢骚满腹。如果你有这样的想法那很正常。事实上，很多人都有过这样的想法，只不过，有的人转变了对工作的态度，走上了事业发展的快速路，而大部分人却依旧原地踏步。

皮特在一家小得不能再小的咨询公司做分析员的工作。他认为自己在从事一份冷门的工作，是一个"微不足道"的角色，只是因为薪水还过得去，他才留下来。

每天早上，令人憎恨的闹钟把皮特叫醒。唉，枯燥乏味的一天又要开始了！皮特极不情愿地按掉闹钟，挣扎着从快要散架的床上起来，胡乱梳洗一下，对付着吃点儿早餐，便匆匆地走出家门上班去了。

到了公司后，皮特晃晃悠悠，迟迟不愿打开办公桌上的电脑。当身边所有的同事都开始埋头苦干的时候，皮特一边打开电脑准备工作，一边在心里抱怨："一帮'假惺惺'的工作狂！"

皮特的工作，用他的话可以概括为六个字：搜集、整理、分析。首先，他要搜集客户、行业的信息和数据；之后，他要对这些凌乱的数据进行整理；最后，他要对整理好的数据进行分析，提供给客户和公司的咨询顾问。无论怎么看，他都觉得这是一份毫无价值、毫无乐趣的工作。

皮特常常向朋友抱怨工作无聊，觉得自己糟透了。朋友常对他讲：

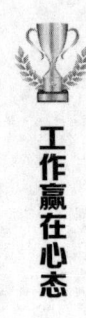

"你对工作的态度,其实就是对待人生的态度。如果你觉得工作很无聊,那么你的人生也好不到哪里去。别人可以帮助你改善你的工作能力,但是没有任何人可以改变你的工作态度,只有你自己可以。其实每份工作都蕴涵着某种特有的价值。你的工作的价值也许只是暂时没有被发掘出来而已。"每次他听了,总是若有所思地点点头。但是情况并没有好转,依然是很失落的样子。

突然有一天,皮特兴高采烈地来找朋友,告诉朋友自己改变了对工作和生活的态度,现在的情况好多了。他告诉朋友说:"以前我总是觉得工作没意思,但是后来我慢慢发掘出其中的意义和乐趣来。有一天,我想起了你说的话,于是开始认真思考自己工作的价值。我忽然觉得这份工作没有那么糟糕,或许它对别人还是有一些帮助的,也是有价值的。我坚定了信心——我要改变,改变自己的工作状态,改变自己的生活!我想好好工作,但是,却发现自己的知识储备好像不够用了。于是,我向专家学习,向老板学习,向同事学习,向客户学习。我不仅在工作中学习,上下班的路上、吃过晚饭后,我也在学习。学习使我的业务能力快速提高,我逐渐得到了老板、客户和同事的认可。半年过去了,我觉得自己的工作能力增强了,对工作的兴趣也更大了。又过了半年,我竟然奇迹般地爱上了自己的工作。我现在发现,自己当初蔑视工作、自暴自弃的想法非常幼稚。这种思想差点儿害了我。"

工作就是这样,尽管它也许看起来很冷,但是你可以用热情去温暖它,它将给你最大的回报;当你能够从心底体会到工作的快乐时,它会给你的生活带来无限快乐,还会带来无限精彩!

然而很遗憾,这种转变,很多人却无法做到。以前总在抱怨工作的那些人，现在还是在抱怨工作。一个总是抱怨的人，怎会发觉工作中的快乐？

有的人说，工作快不快乐没有关系，只要薪水高就可以。对这种人的回答是，薪水固然重要，但是人不能为薪水而活着，否则将会失去生命的意义。

达·芬奇是世界上最伟大的画家，他的每一幅作品都已经成为无价之宝。可是，达·芬奇在创作的时候，是不是别人给的钱多就认真画，别人给的钱少就不认真画呢？显然没有，无论报酬多少，达·芬奇都是充满兴趣地完成每一幅作品，所以我们今天看到的达·芬奇遗留下来的作品都是杰作，没有失败的作品。

微软的创始人比尔·盖茨也是个有"乐业"理念的人。比尔·盖茨已经很有钱了，连续多年都是世界首富。但是他每天还要去工作，甚至比普通员工还要辛苦，为什么呢？因为他觉得，只有开发出更好的软件，让更多的人受益，他的人生才是有意义、有乐趣的。

所以，无论你的薪水有多高，单纯的薪水都无法替代乐在工作、享受工作的过程。如果你每天都能够发现工作的乐趣，让工作从枯燥变成快乐，你就离成功不远了。随之而来的，不光是工作带来的荣誉感和幸福感，还有丰厚的回报。

在工作中拿出你的热情

要想在众多的同事里脱颖而出，你就必须用高于他人的业绩来证明你的能力。只有能力出众，才能引起领导的重视。能力需要行动力，即使你才华横溢，但缺乏工作热情，不积极地将你的能力转换成行动，你永远也不会创造出骄人的业绩，因而也得不到提拔和重用。

很多人在选择工作时，往往由于种种现实的局限，很难兼顾到自己的兴趣爱好。正因为不是自己的所爱，所以工作起来就会感觉动力不足；有一些人虽然当初是根据兴趣所选，但长时间重复同样的事情也难免令人感到厌烦。因此，人们对待自己的工作不再像当初那样满腔热情，几乎可以说有点麻木了。

"湿柴点不着火"，没有热情的工作状态就不利于能力的发挥，更谈不上出色的成绩。

缺乏热情，不是工作的问题，而是你的"易燃指数"不够高，还没有达到能燃烧起来的程度。我们不妨尝试着去热爱自己的工作。即使这份工作你不太喜欢，也要尽一切努力去热爱它，并凭借这种热爱去发掘自己内心蕴藏着的活力和巨大的创造力。一个内心充满热情的人，无论做什么，不管是保管员，或者是总经理，不论工作有多少困难，他都愿意付出自己最大的努力。

用你的所有换取你工作上的满腔热情。戴尔·卡耐基认为：一个人成功的因素很多，属于这些因素之首的就是热情。没有它，不论你有多大的能力，都发挥不出来。

一个人即使再有才干，如果在工作中缺乏热情，那就什么事都干不好、干不成；一个充满热情的人，却能干好他力所能及的每一件事！

凡是有成就的人，几乎都有一个共同的特质：无论从事哪一种职业，也无论这些人的才智高低，他们都对自己所从事的工作抱有极大的热情，这是促成他们取得不凡成就的主要因素之一。

雅诗·兰黛创办了著名的雅诗·兰黛化妆品公司，被誉为当代"化妆品工业皇后"，并多次荣登《财富》与《福布斯》杂志的富豪榜。她凭着自己的聪颖和对事业的高度热情，才创造出如此辉煌的成就。直到80岁，还坚持每天工作十几个小时，这种对待工作的激情和旺盛的精力实在令人惊讶。

微软的招聘官说："从人力资源的角度讲，我们愿意招的'微软人'，他首先应该是一个非常有激情的人：对公司有激情、对技术有激情、对工作有激情，他们可能会给你带来许多意想不到的成果。"

一个人要有所成就，除了客观条件与能力外，更需要正确的态度，事情的结果往往跟我们的热情程度成正比。只有在工作中投入热情，才能激发出灵感和创意；只有主动做事，才能成就完美。

如果一个人不懂得热爱自己的工作，那他注定难成大事。我们很难想象，一个对于自己手头正在做的事情没有一点儿热情的人，怎能把事情做好？

有"经营之神"之称的松下幸之助十分重视热情的作用。他认为，热情胜过才干。不论你有多高的才能，有多丰富的知识，如果缺乏"热情"，那就等于纸上谈兵，一事无成。相反，如果智力稍差，才能平庸，但是却认真奋斗、满腔热情，所谓"勤能补拙"，一定能产生很好的业绩！

有些人并非缺少才华，他们在某一领域的才干甚至令其他人望尘莫及，但他们的事业并不见得有什么起色。有些人不一定具备渊博的专业知识，但由于充满了热情，反而创造出了显著的业绩。

热情的心态是做任何事情都必需的条件。有史以来没有任何一项伟大的事业不是因为热情而成功的。

一个人的工作态度折射出人生态度，而人生态度决定一个人一生的成就。一个对工作充满热忱的人，无论他眼下是在洗马桶、挖土方，或者是在经营着一家大公司，都同样会对工作充满激情；一个对工作充满激情的人，无论面对什么困难，无论前途看起来是多么的暗淡，他们总是有足够的信心把心目中的愿景变成现实。

激情是事业的最佳伙伴

为什么我们有了目标有了梦想，到最后却一事无成？为什么每一家企业都不缺乏宏伟的目标，而真正能实现目标的组织却寥寥无几？因为我们在奋斗的过程中，那种激情随着时间的推移，已经慢慢消失了。当我们缺乏激情的时候，就不会用尽全力在工作舞台上"表演"，结果自然也就令人失望。

我们步入工作岗位的第一天，每个人都曾充满希望，认为自己不比任何人差，一定可以做出一番事业来。我们卖命工作，努力表现着自己。但是，"罗马不是一天建成的"，随着时间的推移，或许我们的发展并不如想象中那样迅速，或许我们还遭遇到了一点点挫折。于是，我们的激情消失了，取而代之的是对工作和人生的倦怠，我们成为了所谓"混日子"的人。难道这就是你想要的生活吗？

如果这不是你想要的生活，如果你还有成就一番事业的梦想，那么，请重新点燃你的激情。你必须知道的是，无论舞台下面有没有观众，你都要为自己表演。大家都知道世界上有个餐饮巨头麦当劳，但是很少有人知道，麦当劳发展的历史上有这么一位CEO，他最早的时薪只有1美元。他叫查理·贝尔，我们来看看这个人是如何从时薪1美元的清洁工成为麦当劳历史上最年轻的CEO的。

查理·贝尔生于澳大利亚，年少时家境并不富裕。15岁的时候，贝尔就在悉尼的麦当劳餐厅开始了自己的职业生涯。当时贝尔所做的工作是打扫厕所。这是一件又脏又累的活，每小时的薪水只有可怜的1美元。

不久，贝尔在彼得·里奇的推荐下，成为了麦当劳公司的正式员工。之后，贝尔开始在店内的各个岗位进行锻炼。由于对工作的认真负责与积极肯干，贝尔在短短的几年时间里，就全面掌握了麦当劳的生产、服务、管理等一系列工作流程。这个过程中的每一份工作，都对他的成功起到了很大的帮助作用。

功夫不负有心人，19岁那年，贝尔被提升为麦当劳的店面经理。这是麦当劳澳大利亚连锁店中最年轻的店面经理。

贝尔没有就此止步。在全新的工作岗位上，贝尔又迎来了全新的开始，他更加地进取向上，向成功迈着更为坚实的步伐。1988年，27岁的贝尔成为麦当劳澳大利亚公司的副总裁。两年后，又升任为麦当劳澳大利亚公司董事会成员。1999年，38岁的贝尔开始主管麦当劳公司的亚洲、非洲和中东业务。

2004年，贝尔凭借着自己的实力和个人威望，当上了麦当劳公司的全球CEO。那一年，他只有43岁，是麦当劳历史上最年轻的CEO。在上任时，他不无骄傲地说："麦当劳的每个职位我都做过了，只差这个职位。如果能够在这个职位上发挥自己的才华，我会非常高兴。"贝尔能有让人瞩目的这一天，与他对待每一个职位的工作热情是分不开的。

贝尔从一个打杂的临时工，到全球最大餐饮集团的CEO，他的秘诀很简单：第一是充满激情；第二是充满激情；第三还是充满激情！无论他在哪一个职位上，他都是那样充满激情地去工作，因为他知道，生命只有一次，无法重来。

满怀激情是做任何事的必要条件。激情使一个人保持高度的自觉，把全身的每一个细胞都激活起来，完成心中渴望的事情；激情是一种强劲的情绪，一种对人、事物和信仰的强烈情感。工作中需要注入巨大的激情，只有激情才能取得工作的最大价值，取得最大的成功，带来创造性的业绩。以充满激情的心态融入工作当中，我们的工作就会产生巨大的改变。

想象一下，当你拥有激情的时候，你的工作还会看上去那么无趣吗？当你释放激情的时候，你的任务还会那么难以完成吗？不会！所以，把工作变得快乐的首要秘诀，就是拿出你的激情来！带着激情去工作吧，你会体验工作的乐趣，品尝激情创造奇迹所带来的惊喜。而且，无论遇到什么困难，都要微笑地面对，在激情中坚持，在坚持中迎来胜利。

不怕负重，更要进取

遭遇苦难时，肩挑重担时，不妨自豪地说一句，上帝把沉重的十字架挂在我的脖子上，那是因为：我驮得动！让生命负重，其实就是让人在压力下得到锻炼，增长才干。就像船，没有负重的船会被大浪掀翻，就像心灵，没有思想的心灵会飘浮如云。

有两名大学生，毕业后进了某公司的同一个办公室。大学生甲出身农村，为人老实而踏实；大学生乙自幼在城市长大，为人圆滑，善搞人际关系。刚开始，两人分别干着分配给自己的那份工作，都干得很卖劲，也干得很不错。不久大学生甲发现主任竟把一些本属于乙的工作分给自己做，自己每天忙得像个陀螺转个不停，而乙却无所事事。后来听别人说乙的父亲同办公室主任关系密切。他虽心里不快，但想了想最终忍气吞声，继续干着。

但到后来，事情越来越出格，甲每天要干的事越来越多，几乎把乙的工作全做了，每天要加班到很晚，而乙却到办公室报个到就走了。甲觉得自己像一头老黄牛，背负的东西越来越沉，他终于忍无可忍，请了假回到乡下，准备辞职外出闯天下。乡下的父亲听了儿子的诉苦，反而高兴地说："真的，你一个人能把两个人干的事都给做下了？"

"整天累死，工资又不多拿一分，有啥可高兴的？"儿子没好气地说。

父亲没有说话，随手拿了两张纸，使劲扔出一张，那纸飘飘摇摇落在跟前，然后老父亲又从地上捡了一块石头包进另一张纸里，随手一扔就扔出很远。"孩子，你看石头沉吗？可加了石头的那张纸却扔得远。

年轻人多做些事，肩上压重点儿的担子，能锻炼人，是好事！"

听了父亲的话甲大为振奋，回单位仍干着原来的工作，而且更加积极、主动。不久，他一个人干两个人的事竟也能干得得心应手。

一年之后，部门进行优化组合，甲荣升办公室主任，而乙却下岗了。

生活中人们往往容易陷入一个误区：盲目地羡慕轻松、舒适没有压力却有着高回报的工作，可是市场经济时代还有这种工作吗？也有人希望自己的一生轻松自在、愉快无忧，没有痛苦和磨难，甚至连困难也没有，可是又有谁会有这样的"幸运"呢？难道没有压力和困难的人生就是幸运的吗？

有这样一则寓言：

有两艘新造的船准备出海，一艘船上装了很多货物，另一艘船却什么也不肯装。它对装满货物的船说："老兄，你可真傻，装那么多东西压得多难受呀，你看我一身轻松，多自在啊！"

装满货物的船说："我们做船本来就是要装货的，什么也不装，那还叫船吗？"

出海的时间到了，它们都驶上了自己的航程。刚开始在海上风平浪静，那艘空船得意扬扬地行驶在前面，它一再嘲笑后面那艘船的笨重。不久，大海上起了风浪。风越刮越猛，浪越来越高。装满货物的船因为重心很稳，仍平稳地在风浪中穿行。而那艘空船却被大浪掀翻，沉入海底。

其实人的一生要负载很多东西，比如苦难，比如沉重的生活和繁重的工作。谁也不知道自己哪天会面临哪些沉重的东西，并把这些东西扛在肩上风雨兼程地向前赶路。如果有些东西注定是我们无法逃避、必须面对的，我们不妨以一种积极的态度去面对。人生什么时候起跑都不算晚，关键是不怕负重，更要进取。

拥有勤劳才能拥有财富

社会的财富是勤劳人创造出来的，物质产品、精神产品概莫能外。早在17世纪，英国的经济学家威廉·配第就指出："土地是财富之母，劳动是财富之父。"财富是勤劳的人所拥有的，只要我们勤劳，那么我们就拥有了财富。

在地中海的一个岛国里，农民们都致力于种植葡萄。有一个勤劳的农夫，他每天都勤勤恳恳地在葡萄园里劳动，他种出的葡萄酿的酒是最甜美的，他的葡萄园因此远近闻名。可是勤劳的农夫有一块心病，那就是他有4个不成器的孩子。他们非常懒惰，无论农夫怎么教育，总是不肯劳动。由于他们不愁吃喝，因此养成了好吃懒做的习惯。又因为兄弟人多，该干活的时候，他们总是相互推诿。终于，农夫老得干不动农活了。他病倒在床上，再也无法支撑起他的葡萄园了。眼看着他苦心经营的葡萄园就要这样一天天荒芜，农夫心里感到非常担忧。

农夫知道自己不久就要离开人世了，他一直在考虑一个问题：如何使儿子们明白劳动致富的道理呢？焦虑更是加重了他的病情。一天，农夫的一位好友来看望他，这位朋友给农夫出了一个好主意。第二天，农夫把4个儿子叫到床前，对他们说："我不久就要死了，我必须告诉你们一个秘密。在我们家的葡萄园里，我埋了几箱财宝，它就埋在……"话还没说完，农夫就咽气了。办完了父亲的丧事，4个儿子就开始到葡萄园里寻找父亲埋下的财宝。

由于农夫病倒多日,葡萄园已经杂草丛生了。为了寻找财宝,儿子们带着工具出发了。'大儿子拿着铁锹,由园中心开始挖,杂草都除掉了,土翻得很深,地也翻松了,可是怎么也没找到他们要找的宝藏。二儿子牵着一头牛,套上犁,把整个园子从头到尾犁了一遍,结果同样一无所获。三儿子扛上锄头,在园的四角挖掘,挖得极深,结果把泉眼给打出来了,清澈的泉水滋润了整个葡萄园,那些即将干枯的葡萄藤又开始变绿。可是三儿子也没找到财宝。四儿子也出动了,他既用铁锄又用铁铲,但还是一无所获。4个儿子虽然没有挖到财宝,但把葡萄园里的土地翻得又松软又平整,加上三儿子打出的几个泉眼,园里的葡萄茁壮成长,比往年的收成还要好。葡萄成熟了,4个儿子把葡萄运到城里去卖,路上遇见了农夫的那位朋友,他看到满车的葡萄,感到特别欣慰,并告诉农夫的4个儿子说:"其实,农夫并没有在园子里埋什么财宝,财宝来自于勤劳的双手。"4个儿子终于明白了父亲的苦心。

只有辛勤劳动,才会有丰厚的回报。即使再优良的葡萄园,没有经过辛勤汗水的浇灌,终究也是会杂草丛生、一片荒芜。传说中的点石成金之术并不存在,而在劳动中获得财富才是最正确的途径。

美国著名作家杰克·伦敦在19岁以前,还从来没有进过中学。但他非常勤奋,通过不懈地努力,使自己成为一名文学巨匠。杰克·伦敦的童年生活充满了贫困与艰难,他整天在旧金山海湾附近游荡。说起学校,他不屑一顾。不过有一天,他漫不经心地走进一家公共图书馆内,读起名著《鲁滨孙漂流记》时,他看得如痴如醉,并受到了深深的震动。在看这本书时,饥肠辘辘的他竟然舍不得中途停下来回家吃饭。第二天,他又跑到图书馆去看别的书，另一个新的世界展现在他的面前——一个如同《天方夜谭》中巴格达一样奇异美妙的世界。从这以后，一种酷爱读书的情绪便不可抑制地左右了他。一天中，他读书的时间达到了 10～15 小时，从荷马到莎士比亚，从赫伯特斯宾基到马克思等人的所有著作，他都如饥似渴地读着。19 岁时，他决定停止以前靠体力劳动吃饭的生活，改成以脑力谋生。他厌倦了流浪的生活，他不愿再挨警察无情的拳头，他也不甘心让铁路的工头用灯敲自己的脑袋。于是，他进入加利福尼亚州的奥克德中学。他不分昼夜地用功读书，从来就没有好好地睡过一觉。天道酬勤，通过考试后，他进入了加州大学。他渴望成为一名伟大的作家，在这一雄心的驱使下，他拼命地读书，之后就拼命地写作。5 年后的 1903 年，他有 6 部长篇以及 125 篇短篇小说问世。他成了美国文学界最为知名的人物之一。

"成事在勤，谋事忌惰。"一个人的成就和他的勤奋程度永远是成正比的。试想，如果杰克·伦敦不是那么勤奋地读书，写作不是那样废寝忘食，他绝对不会取得日后的成就。

一个人要取得成功、得到财富，固然与个人的天赋、环境、机遇、学识等外部因素有很大关系，但更重要的是自身的勤奋与努力。勤奋的劳动是成功的必经之路，幸福生活的获得需要靠自己勤劳的双手去实现。勤劳是人们最宝贵的财富，是永不枯竭的财富之源。

第三章 心怀仁爱，建立和谐的人际关系

我们要对他人怀有仁爱之心、感恩之心，建立起和谐的人际关系，这不仅对我们的工作非常有帮助，对我们的人生也至关重要。戴尔·卡耐基说："一个人事业上的成功，只有15%是由于他的专业能力，另外的85%要依靠处理人际关系的能力和处世技巧。"这个论断在重视人际关系的今天仍显得更加重要。

爱别人就是爱自己

俗话说，"朋友多了路好走"，广交朋友，建立和谐的人际关系，就能为自己开拓出一条通向成功的康庄大道。交朋友要有爱心，要有"爱别人就是爱自己"的心态。

如何拥有"爱别人就是爱自己"的心态？总结起来，可以从以下几个方面着手去做。

（一）做最善的自我

许多人只顾着自己的事，只关心自己的事务，一生都交不到朋友，他们"独善其身"。久而久之，他们便失掉了与外界的联络与感情。

有个人总是想不明白为什么大家都不喜欢他。假使他去参加聚会，每个人见了他都会退避三舍。在别人纵声谈笑、其乐融融的时候，他只是寂寞独处。别处有宴会或集会他很少被邀，他在社会上仿佛是一个冰块，没有热气，没有吸引力！生活中这样的人很多，在你的身边可能就有。

他始终没有认识到，他之所以如此令人讨厌，关键就在于他的自私心理。他绝不肯费些时间，抛掉自己的事情，去为别人打算。每次同人谈话时，他总要把话头拉到他自己的事情上去。

一个人若老是冷漠、自私自利，那么他不可能交到朋友，也不可能有人愿意请教或帮助他。一个只长耳朵的人，比一个只长嘴巴的人更能获得朋友的喜爱。假使他能够常常设身处地为他人的利益着想，便也能获得别人给他的回报。

　　要让自己受人欢迎、敬重，必须具有高贵的品格。

（二）去喜欢他人

　　人人都渴望得到他人的喜欢，但是与人相处并不是件易事。如果我们想生活得愉快、成功，就必须学习这项重要技巧。那么，应该如何学习呢？答案很简单，但非常重要，那就是：真诚地喜欢他人。

　　当然，做到这点实为不易。光靠嘴巴上说"我要去喜欢他人"是没用的。能使你喜欢别人的思维方式，便是积极的思想，你必须以一种积极的态度去对待其他人。"喜欢别人"是一种生活方式的结果，它是一种训练有素的思维模式的产物。

　　要成为令人敬重的人，必须将注意力从自己的身上转到别人的身上。一个人如果只想着自己，他是不可能被人喜欢的。哲学家威廉·詹姆斯说："人性中最强烈的欲望便是希望得到他人的敬慕。"这句话对于"别人"也同样适用，他人也希望得到你的敬慕。如果别人想获得你的关心，却无法从你这里得到，当然也不会去注意你。如果你只是过度地关心你自己，就没有时间及精力去关心别人了。

　　如果你希望得到别人的喜欢，你就必须先学会要真正地去关心去爱别人。那样，正如不求报酬做善事终会有所回报一样，别人也会加倍地关心你、爱护你。

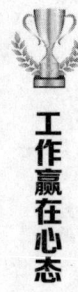

受欢迎的人往往还具有一种优良品质，他们大都明白如何使别人接受自己。谁能做到这一点，谁就能获得别人的喜爱。

帮助别人是一门艺术。一个人如果知道该怎么做的话，必能获得别人持久的感情。如果你希望被他人接受、喜欢、尊敬，你必须向他们提供建设性的帮助，同时具备与人沟通的技巧。

（三）发挥热忱的魔力

热忱是一个人对事、对人所体现出的发自内心的兴趣。多发挥热忱的魔力，就会多一分收获。没有热忱，肯定不会对自己所做的事情尽心尽责，精益求精。

生活上、职场中免不了会碰到需要帮助的人，我们要做的就是拿出热情，满怀热忱地去帮助他。其实，缺乏热忱的人往往是心中缺少爱的人。这样的人，由于缺少仁慈胸怀，对别人的困苦漠不关心，不乐善好施，也不热心公益，可以说是一个极端自私的人。当人们认清他的面目之后，一定会逐渐疏远，不屑与之为伍。而心中有爱的人，总是充满朝气，情绪平和，乐观、进取，令人愿意接近，且具有自尊心与自信心，克己而又乐于了解别人，与人相处经常表现出亲切、仁慈与关怀，因此善结人缘。

所以，满怀热忱地去帮助他人，于己，也能因爱而收获精彩人生，领略人间可贵的真情。

（四）要有同情心

人生不如意事十之八九，有时遭受的甚至是毁灭性的打击，在这种时候，没有人会拒绝别人善意的帮助。"君子不乘人之危"是说正直的人不会在这个时候再给他人伤口上撒一把盐，把别人置于死地。我们主张"君子好乘人之危"是指在别人处于危难之时，君子能够挺身而出，伸出援助之手。因此，保持一颗同情心至关重要。

帮助他人有时只需要时间上的耗费和一些关怀的语言，有时则需要物质上的帮助。当然，如果从长远利益来看，这点个人利益的牺牲是微不足道的。大家都知道"马歇尔计划"，如果当时美国只考虑自己的眼前利益，不拿出那么多钱来振兴西欧，它会长时间保持霸主地位吗？"马歇尔计划"帮助美国的企业打开了西欧市场，占据了重要的市场份额。美国的思想和文化也乘机长驱直入。

俗话说"投之以桃，报之以李"，今天你帮助他人，给予他人方便，他也许不会马上报答你，但会记住你的好处，也许会在你不如意时给你帮助。退一万步来讲，你帮助别人，他即使不会报答你，但可以肯定的是，他日后至少不会做出对你不利的事情。如果大家都不做不利于你的事情，这不也是一种极大的帮助吗？

让自己有一颗仁爱之心

爱自己，也爱别人，体现出生命的最大价值，是追求成功的人必需的心态之一。懂得这一人生秘密的人，往往抓住了通行于世界的根本原则，能够认识到世间事物的美好与真实性，并过上一种真实的生活。

我们很难估量施与的心态对我们生命的价值大小。无论发生什么，都用健康的、快乐的、乐观的思想去直面生命，都应该满怀希望，坚信生命中充满了阳光雨露。传播成功思想、快乐思想和鼓舞人心的人，无论到哪里都敞开心扉，真诚地爱他人，去宽慰失意的人，安抚受伤的人，激励沮丧泄气的人。他们是世界的救助者，是负担的减轻者。

要学会敞开心扉爱他人，让仁爱之心像玫瑰花一样散发芬芳。当关爱的思想治愈疾病、为创伤止痛的时候，当那些与此相反的心态带来痛苦、郁闷和孤独的时候，我们就真正领悟到博爱的真谛。

一些人多年以来对其他人怀有深深的嫉妒甚至仇恨，尽管他们也许没有意识到这一点，但这种心态使他们无法充分地展现自己的才能，并因而破坏了他们的幸福。不仅如此，他们还营造了一种充满敌意的氛围，容易使得对他们有成见的人群起而攻之，容易引发冲突，这样，他们的整个一生都因此而受到束缚。

我们心中绝对不能有嫉妒、仇恨和居心叵测的思想，也绝不能让心灵受到各种不利情形的束缚，否则，我们必定会因此而付出很大的代价。

当一个人对他人怀有不友善甚或仇恨的思想时，他就无法做好他的工作。怨愤、嫉妒和仇恨可称得上是毒药，而这些毒药对我们身上那些崇高的东西又是毁灭性的。要记住，我们一定要用博爱的心态去化解敌意，否则，我们便无法做好我们的事业。我们的各种能力唯有在身心和谐的情况下才能发挥到最佳的水平。

对他人怀有仁爱之心，是一种善意的情感。有些人一辈子都少有恼怒，有些人一辈子都保持着心境平和的状态，他们的生活很轻松、快乐、美好和幸福甜蜜。这是因为他们爱天下的人，所以天下的人也爱他们。

仁爱心使你的人生永不匮乏，帮助你激发力量，战胜困难，超越竞争者，把不可能变成现实。

我们经常会发现有些人做着一些对他人有好处，却对自己"毫无用处"的事情。我们也许会嘲笑他们，说他们傻。其实，他们才是真正聪明的人。向别人施予爱心，你终究会因此而得到回报，所以，也就等于向自己施予了爱心。

曾经有一名商人在一团漆黑的路上小心翼翼地走着，心里懊悔自己出门时为什么不带上照明的工具。忽然前面出现了一点灯光，并渐渐地靠近。灯光照亮了附近的路，商人走起路来也顺畅了一些。待到他走近灯光时，才发现那个提着灯笼走路的人竟然是一位双目失明的盲人。

商人十分奇怪地问那位盲人说："你本人双目失明，灯笼对你一点

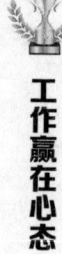

用处也没有，你为什么要打灯笼呢？不怕浪费灯油吗？"

盲人听了他的问话后，认认真真地回答道："我打灯笼并不是为给别人照路，而是因为在黑暗中行走，别人往往看不见我，我便很容易被人撞倒。而我提着灯笼走路，灯光虽不能帮我看清前面的路，却能让别人看见我。这样，我就不会被别人撞倒了。"

这位盲人用灯火为他人照亮了本是漆黑的路，为他人带来了方便，同时，也因此保护了自己。正如印度谚语所说："帮助你的兄弟划船过河吧！瞧！你自己不也过河了？"人与人之间的互相关怀是可以帮助彼此共渡难关的。

《向导》杂志曾经刊登过这样一则登山故事：

有一个人遭遇暴风雪，迷失了方向。由于他的穿着装备无法抵挡风雪，以致手脚开始僵硬。他知道自己的时间不多了。

后来，他遇到另一个和他有着相同遭遇的人，几乎冻死在路边。他立刻脱下手套，跪在那人身旁，按摩他的手脚，那人开始有了反应。最后两人合力找到了避难处。

这个故事中的主角，他救了别人，其实也救了自己。他原本手脚僵硬麻木，因为替对方按摩手脚变得灵活起来。

"善心"是从不损失的投资。爱默生曾提醒我们："要做一个为后来者开门的人，不要试图使世界成为死巷。"他又说："此生最美妙的报偿就是凡真心帮助他人的人，没有不帮助自己的。"

优秀源自工作好品德

当今社会，几乎每一家单位都在锲而不舍地寻找理想的人才，可是大批拥有高学历的"人才"却始终游走在失业的边缘。为什么会这样呢？究其原因，用人单位除了关注被选对象的智商、体魄和实际能力，更是在不遗余力地寻找拥有好品德的人，而现实是：好人品已经越来越成为宝贵的稀缺资源。

人品决定了人在职业生涯中的方向与地位。人品就像火车的方向、路轨，而才能就像发动机，如果方向、路轨偏了，发动机的功率越大，造成的危害也就越大。一个人如果忽视了人品的塑造，过分地注重技巧、权谋和手段，即使这样的人"才高八斗"，他也会被很多单位拒之门外。

几年前，一家全球知名的跨国公司在招聘员工过程中就发生过这样一件事情。经过笔试、面试、面谈等层层筛选，几百名应聘者中只有不到十人闯入了最后的面试。最后面试那天，总经理并没有过多地考查他们的专业知识。但是，在面试结束时，他对每个人都说了这样一句话："你还记得吗？半年前，在一个研讨会上，我们就已经见过面了，当时你还宣读过一篇稿子，写得真是不错……"其实，这只是个幌子，总经理本人根本就没有参加过这个研讨会。

但是，除了最后那位女孩外，前面所有的人都顺着总经理的竿子

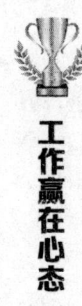

往上爬:"您一提醒,我想起来了,咱们确实见过面。至于说那篇稿子,写得还很不透彻,希望您能多多指教……"只有那位女孩听完总经理的话,心里犯了嘀咕:"总经理肯定认错人了,我就没有参加过那个研讨会,他怎么能认识我呢?可是,否认吧,当着几位考官,太不给总经理面子了;承认吧,也不合适……"最后,女孩一咬牙,非常从容地回答道:"总经理先生,我想您可能认错人了吧,我当时出差在外,没能赶回来参加这个研讨会。非常抱歉,让您失望了……"说完后,女孩礼貌地站了起来朝外走,她当时已经不抱任何希望了。但是,就在她打开门之际,总经理叫住了她,"小姐,我们决定录用你了。"

事实证明,总经理的决定是正确的。在后来的工作中,这位女孩的工作成绩确实非常突出。

古今中外,对品德的考核始终是人事考核因素中的首要内容。一些资深的人力资源管理者认为,在创业时期,只求其才,不顾其德,只能是权宜之计;守业阶段,要靠"德"来巩固业绩,拢住人才,则必须德才兼备才行。不对员工进行品德方面的考核,往往会使公司受到意想不到的损害。

唐太宗可谓是一代明君,但他有时也重才轻德,偏听偏信。在他晚年,就误用了才气有余、德行不足的武将——兵部尚书侯君集。当侯君集带兵攻破高昌之时,私取了无数的金银珠宝。然而,唐太宗却认为他战功卓著,继续加以重用。最后,侯君集走上了与太子勾结谋反的道路。唐太宗自从吞下这枚苦果后,元气大伤。唐太宗用人不当的事例,说明了对品德进行考察的重要意义。

在日常的工作过程中,员工做事的风格,例如,是否尊重别人,并乐于与其他同事合作；是否尊重事实，知错必改；是否遵纪守法，维护公共利益；是否能够保守公司的商业秘密；是否言行一致，说的和做的一个样；是否能够公正地对待员工；是否两袖清风，洁身自爱；是否在任何场合都有一样的表现……这些都是员工品德的具体表现，都应当是员工品德考核的内容。

毫无疑问，优秀的品德应当是每一位员工必备的美德。任何一个组织，要想具有竞争力、生命力，必须要拥有一批品德高尚的员工。对任何用人单位而言，他们不仅要求员工头脑敏锐、具有专业技能，更重要的是，还应具有正直的品格。

满怀感恩之心去工作

一位父亲告诫即将踏入社会的儿子三句话："遇到一位好领导，要忠心为他工作；假如第一份工作就有很好的薪水，那算你的运气好，要努力工作以感恩幸福；万一薪水不理想，就要懂得在工作中磨炼自己的技艺。"

这位父亲无疑是睿智的。所有的年轻人都应将这三句话深深地记在心里，始终秉行这个原则做事。

任何工作都无法尽善尽美，但我们还是要感谢工作环境，感谢领导，感谢每一次的工作机会，满怀感恩之心去工作。即使起初位居他人之下，也不要去计较，要积极地将每一次工作任务视为一个新的开始，一段新的体验，一扇通往成功的机会之门。因为每一份工作都有宝贵的经验和资源，如失败的沮丧、成功的喜悦、领导的严苛、同事间的竞争等，这些都是任何一个工作者走向成功必须体验的感受和必须经历的过程。

目前一些处在实习期的大学毕业生，还没干活就先和老板谈条件，或者在新岗位上刚取得一点小成绩，就和部门主管讨价还价，这是不合时宜的。

程序员史蒂文斯在一家软件公司干了八年，正当他干得得心应手时，公司倒闭了。这时，又恰逢他的第三个儿子刚刚降生，他必须马上找到新工作。

有一家软件公司招聘程序员，待遇很不错，史蒂文斯信心十足地去应聘了。凭着过硬的专业知识，他轻松地过了笔试关。两天后就要参加面试，他对此充满了信心。可是面试时，考官提的问题是关于软件未来发展方向的，他从来没考虑过这方面的问题，他被淘汰了。

不过这家公司对软件产业的理解让他耳目一新。他给公司写了一封感谢信："贵公司花费人力物力，为我提供笔试、面试的机会，我虽然落败了，但长了很多见识。感谢你们的劳动，谢谢！"这封信经过该公司的层层传阅，后来被送到总裁手中。

三个月后，史蒂文斯意外地收到了该公司的录用通知书。原来，这家公司看到了他懂得感恩的品质，在有职位空缺的时候，就想到了他。这家公司就是美国微软公司。十几年后，史蒂文斯凭着出色的业绩成为微软的副总裁。

在企业中，知道感恩的人会更受到欢迎。人力资源专家表示，许多知名企业在招聘员工时，看重的不仅仅是他们的专业知识，而是他们处理问题的方式和融入企业的速度。换句话说，就是能否怀着一颗感恩之心去踏实做人、做事。

然而，很多员工可以为一个陌路人点滴的帮助而感激不已，却无视朝夕相处的老板的种种恩惠。他们将这一切视为理所当然，视为纯粹的商业交换关系。而石油大王洛克菲勒在给儿子的信中曾这样写道："现在，每当我想起我曾供职的公司，想起我当年的老板休伊特和塔特尔两位先生，内心就涌起感激之情，那段工作生涯是我一生奋斗的开端，为我打下了成功的基础，我永远对那三年半的

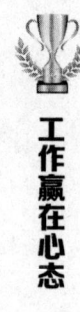

经历感激不已。"

所以，绝不能像某些人那样抱怨老板："我们只不过是奴隶，我们被雇主压在尘土上，他们却在豪华的别墅里享乐，高高在上。他们的保险柜里装满了黄金，他们所拥有的每一块钱都是压榨我们这些诚实的工人得来的。"这些抱怨的人是否想过，是谁给了他们就业的机会？是谁给了他们建设家庭的可能？是谁让他们得到了发展自己的可能？如果他们已经意识到别人对他的压榨，那为何不一走了之，结束压榨？工作需要的是一种正确的态度，它决定了我们快乐与否。

诚然，雇用与被雇用是种契约关系，可在这种契约关系的背后，就不能有感恩的成分吗？正是因为我们有了这次工作机会，才有了生存的物质和实现人生价值的舞台；我们的聪明才智才有了萌芽的乐土；我们的人生阅历才得以丰富；我们的能力和才华才有得以施展的机会和空间。所以，为什么不告诉领导，感谢他给你机会呢？

当然，每个人的成功都离不开自己的努力。可无论你的行为是多么地完美和明智，你都不能不对别人心存感激。想想自己的每次行动，哪一次没有别人的帮助？正是有了同事的理解和支持，还有平时从他们身上学到的知识，才让你有了成才和晋升的机会。

成功学家安东尼说："成功的第一步就是先存有一颗感恩之心，时时对自己的现状心存感激，同时也要对别人为你所做的一切怀有敬意和感恩之情。领袖的责任之一便是谢谢。"

当你满怀感恩之心去工作时，你就很容易成为一个品德高尚的人，一个更有亲和力和影响力的人，一个有着独特的个人魅力的人。你要相信：感恩将为你开启一扇神奇的力量之门，发掘出你无穷的潜力，迎接你的也将是更多、更好的工作机会和成功机会。

第三章 心怀仁爱，建立和谐的人际关系

谦逊是终生受益的美德

谦逊能够克服骄矜之态，能够营造良好的人际关系，因为人们所尊敬的是那些谦逊的人，而绝不会是那些爱慕虚荣和自夸的人。一个谦逊的人，就是一个真正懂得积蓄力量的人。谦逊能够避免给别人造成太张扬的印象，这样的印象恰好能够使一个员工在生活、工作中不断积累经验与能力，最终达到成功。

中国传统文化的底蕴非常深厚，至今影响着我们的生活。比如我们常说的"知之为知之，不知为不知，是知也""满招损，谦受益""谦虚使人进步，骄傲使人落后"。

国外也一样。美国"建国之父"之一的富兰克林说："缺少谦虚就是缺少见识。"英国哲学家斯宾塞认为："成功的第一个条件是真正的虚心，抛弃对自己的一切敝帚自珍的成见，只要看出与真理冲突，都愿意放弃。"法国思想家孟德斯鸠说："我从不歌颂自己。我有财产、有家世，我花钱慷慨，朋友们说我风趣，可是我绝口不提这些。固然我有某些优点，而我自己最重视的优点，即是我谦虚……"可见，谦逊是我们人类共同珍视的美德。

爱因斯坦由于创立了相对论而声名大振。一次，他9岁的小儿子问他："爸爸，你怎么变得那么出名？你到底做了什么呀？"爱因斯坦说："当一只瞎眼甲虫在一根弯曲的树枝上爬行的时候，它看不见树枝是弯的。

我碰巧看出了那甲虫所没有看出的事情。"

谦虚不仅是成功的要素，谦逊与内心的平静也是紧密相连的。我们越不在众人面前显示自己，就越容易获得内心的宁静。

实际上，过分张扬自己是一个危险的陷阱，而且这个陷阱是我们自己亲手挖掘的。它会使你把大量精力放在炫耀自己的成果、自吹自擂，或试图让他人信服你的个人价值方面。夸夸其谈、自吹自擂的习惯，通常会使你骄傲自满，把荣誉当作自我欣赏的装饰品，冲淡你的成就，或在你引以为自豪的东西上肯定错误的感觉。

一个人的成就再伟大，也只是相对于个人而言；在我们所生存的这个宇宙之中，没有什么不是渺小的。如果你在某一方面取得了一定的成绩，你不应该过于看重它，因为它已成为你的历史。不要留恋你的影子，哪怕它很辉煌，毕竟也只是虚无缥缈的影子而已。要知道，当你望着你的影子依依不舍的时候，你正好背离着照亮你的太阳。

在第二次世界大战中，丘吉尔为英国立下卓越的功勋。在他卸任时，英国国会打算通过提案，塑造一尊他的铜像，放在公园里供游人景仰。一般人享此殊荣，高兴还来不及，丘吉尔却一口拒绝了。他说："多谢大家的好意，我怕鸟儿在我的铜像上拉粪，那得多煞风景啊。所以我看还是免了吧！"

智者是绝不会滥用优点和荣誉的，他不会等待着去享受荣誉，他会继续努力去做那些需要做的事。正如俄国科学家巴甫洛夫所谆谆告诫的："决不要陷于骄傲。因为一骄傲，你们就会在应该同意的场合固执起来；因为一骄傲，你们就会拒绝别人的忠告和朋友的帮助；因为一骄傲，你们就会丧失客观的准绳。"

况且，让事情更糟的是，你越夸耀自己，别人越回避你，越在背后谈论你的自夸，甚至可能因此而讨厌你。同时，骄傲的人必然妒忌，他喜欢见那些依附他的人或谄媚他的人，对于那些以德行受人称赞的人会心怀嫉恨，结果，他就会失去内心的宁静，以至于由一个愚人变成一个狂人。

与此相反，如果你越少刻意寻求赞同，越少刻意炫耀自己，你反而会获得更多的赞同和欣赏。在日常生活中，人们更留心那些内向、自信，不随时随地表现自己的正确与成绩的人。大部分人都喜欢那些不自夸的、谦逊的人，他们总把自己藏在内心，而不是表现为自我主义。

一位朋友对谦逊曾经有过深刻的体验。在被提职后的几天里，他与朋友聚了一次。朋友们都不知道他提升了的消息，他很想把这个好消息告诉大家。而且，他与另一个朋友都是被提升的候选人。同为候选人，他和这个朋友之间当然有些竞争，现在的结果是他得到了提升，所以他极想向大家宣称自己被提升而那位朋友没有。可话到嘴边，他隐隐觉得有个声音在说："不，千万别说！"于是他只淡淡地笑了一下，只告诉大家自己被提职，没有提及另一个朋友未被提升之事。那时，他感到从未有过的平静与自豪。他没有自夸，却享受了成功的喜悦。他的内心亦从谦逊中得到了更多的充实，得到了更多人的赞美！

当然，真正学会谦逊是需要实践的。这是件很美好的事，因为你在平静轻松的感觉中会立即获得内心的充实。如果你的确有机会自夸，那么尝试着去尽力抑制住这一欲望吧，那将使你受益无穷。

第四章 突破常规，做与众不同的员工

每个企业都会欢迎与众不同的员工，因为创造力和创新能力是企业发展的永恒动力。所以，不想当个好员工，是没有进取心的员工；没有进取心的员工，也是没有创新力的员工；没有创新力的员工，是没有出路的员工，更不是好员工。

有梦想就能实现理想

有形的物质世界，是由无形的心理世界支撑的，因此内心的梦想在人生中起着很大的作用。人类不能遗忘他们的梦想，不能让他们的理想破灭。人类生活在理想之中，把它们视为有朝一日能实现的现实。

你的处境可能并不惬意，然而如果你能够树立理想，并且努力去实现它，这样的处境过不了多久就能够得到改变。你要牢记，内心没有树立理想，你就不可能取得长足进步。

一位年轻人，没有什么积蓄，为了生存，不得不在一个条件很差的车间长时间地工作。他没有受过正规的学校教育，没有掌握那些高雅的艺术。然而，他却梦想自己有一个灿烂的明天。他想到知识，想到高雅，想到美丽大方，他在内心深处勾画出理想的生活境况。这种美好的构想支配着他，督促他采取行动。于是，他利用所有的业余时间，去发掘潜在的能量与资源。

他的思想很快就发生了巨大转变，小小的车间再也不能束缚他了。以前那些不思进取的思想，像穿旧的衣服一样被他弃置一旁。随着机会的不断增多，他潜在的能力便有了用武之地。

几年过去了，当人们再次见到这位年轻人时，他已成为一位成熟而且成功的人士。人们感觉他成了某种思维力量的主宰，他能够很好地利用这种力量来实现自己的理想。他已开始肩负起重大责任。他自豪地说，生活改变了。周围的人乐意倾听他的话语，牢记他的思想，并用之重新塑造他们的品格。他实现了自己年轻时的理想。在人们眼中，他是一位有远大抱负的人。

每个人都可以通过努力，来实现内心的构想。

有目标才有动力

任何人都应该有自己的目标，或远或近，相对于当下都是对未来的希望和憧憬。目标让人变得有动力，有希望，通过无所畏惧地尝试，最终将稳稳地获得成功。

思想倘若不与目标相联系，那么就没有智慧的成就可言。思想的航船，在人生的大海上漂流，很容易失去前进的目标。驾船者倘若毫无目标地让船随意漂流，那么他迟早要碰上毁灭性的灾难。

那些在人生的旅程上毫无目标的人，很容易成为担忧、恐惧、麻烦、可怜的猎物，这些正是懦弱的体现，肯定会像蓄意作恶那样导致失败、不幸福及空虚失落（尽管导致这种结局的方式有所不同），这是因为懦弱无法在能量进化的宇宙中找到适合自己生存的土壤。

作为员工，应当在内心深处抱着当领导的目标，而且努力去实现它。他应该让这个目标成为他思想的支点，让这个目标成为他至高无上的职责，而且全力以赴地达到这一目标，不让思想漫游于异想天开的梦境中。这样，才能找到通向成功的康庄大道。

那些树立伟大目标的人，可以把自己的思想集中在完美无缺地履行自己的职责上面，哪怕需要你履行的职责看起来是那么的不起眼。只有这样，思想才能被汇集并集中起来，决心才能下定，能量才能得到积聚。倘若你下定了决心，又有了充裕的能量，任何远大的目标你都可以实现。

在企业或是单位里，员工的能力随着想当领导的目标而增长。体质上虚弱者，可以通过认真锻炼使自己强壮起来；思想上的懦弱者，也可以通过学习和训练，使自己成为思想上的强者。最懦弱的人，倘若认识到自己的弱点所在，而且相信只有努力与耐心才能让力量得到增强这条真理，那么他必将全力以赴。

人一旦定下自己的目标，就应当全力以赴地朝着实现这一目标的方向前进，途中不能左顾右盼、见异思迁。怀疑与恐惧应该被严格地清除，它们是消极因素，会瓦解我们的斗志，影响我们向既定目标前进。当怀疑与恐惧潜入时，目标、精力、能量及思想都会受到严重冲击。

征服了怀疑与恐惧，等于征服了失败。他的每一种思想都与力量为伍，所有的困难他都能勇敢地面对、明智地克服。他的目标就像按季而种的果树，随着时令的变化开花结果，而果实不会在没有成熟之前就掉落。

唯有创新才有出路

真正发挥出你的创新潜能，除了要有敢于尝试与创新的勇气，还必须精心地培育你的创造力。如果你能及时地将自己的想法记录下来，那么，当你需要新主意时，就可以从回顾旧想法着手。如果是独自一人，你就对自己表达一番；如果你身处群体之中，不妨与其他人共同进行探讨。

满足于现状，就不会渴望创造。

想努力去做，却又因为短期内收不到成效而不能持之以恒，你也会同成功失之交臂。

"人生瓶颈"，是指一个人遇到的"关卡"——上不能上，下不能下，进不能进，退不能退。怎么办？唯有创新才是出路。

很多人不敢创新，或者不愿意创新，是因为他们头脑中关于得、失、是、非、安全、冒险等价值判断的标准已经固定，常常使他们不能换一个角度想问题。假如一个人有100%的机会赢80元，而另外一个可能性是有85%的机会赢100元，但是有15%的可能一分钱也得不到。在这种情况下，一般人往往会选择最保险、最安稳的方式——选择80元而不愿冒一点儿险去赢那100元。可如果换一种思路来设定这个问题，一个人有100%的机会输掉80元，另外一个可能性是有85%的机会输掉100元，但是也有15%的机会什么都不输。这个时候，人们都会选择后者，赌一下，说不定什么都不输。

这个例子告诉我们，平时我们之所以不能创新，或不敢创新，常常是因为我们从惯性思维出发，以致顾虑重重，畏手畏脚。而一旦我们把同一问题换一种角度来考虑，就会发现很多新的机会。

事实上，许多最有创意的解决方法，都是来自于换一种方式想问题，在对待同一件事时，从相反的方面来解决问题，甚至于最尖端的科学发明也是如此。所以爱因斯坦说："把一个旧的问题从新的角度来看是需要创意的想象力，这成就了科学上真正的进步。"

著名的化学家罗勃·梭特曼发现了带离子的糖分子对离子进入人体是很重要的。他想了很多求证的方法都没有成功。直到有一天，他突然想到不从无机化学的观点，而从有机化学的观点来看这个问题，才得以成功。

一些专家在研究汽车的安全系统如何保护乘客在撞车时不受伤害时，最终也是得益于换一种思路解决问题。他们想要解决的问题是，在汽车发生冲撞时，如何防止乘客在汽车内移动而撞伤——这种伤害常常是致命的。在种种尝试均告失败后，他们想到了一个有创意的解决方法，就是不再去想如何使乘客绑在车上不动，而是去想如何设计车子的内部，使人在车祸发生时，最大程度地减少伤害。结果，他们不仅成功地解决了问题，而且开启了汽车设计的新时尚。

当然，作为生活在平凡生活中的普通人，换一种想问题的方法所取得的成效，不亚于科学家们的新发现。

比如，一个年轻的妈妈想把刚买的婴儿床做一下改造，使它能和自己的大床并在一起，这样就可以省去夜里的担心和麻烦。结果，在她想拆除小床的护栏时遇到了麻烦。她想按照床的设计，保留一个可以上下伸缩的护栏，而拆除那个固定的护栏，整个床就散了，这件事只好不了了之。

直到有一天，站到床的另一面，这位妈妈才突然发现，由于小床和大床并在了一起，所以有没有移动护栏都是无所谓的，而这个护栏因为在设计时并不起支撑作用，拆了以后小床依然牢固，这个问题就得以解决了。如果她不站到另一面，可能始终看不到这一点，而使自己陷入烦恼。

  在工作中，当我们解决问题时，时常会遇到"瓶颈"，这是由于我们只在同一角度停留造成的。如果我们能换一个视角，换一种思路来考虑问题，情况就可能改观，创意就会变得有弹性。记住，任何创意只要能转换视角，就会有新意产生。

在"奇"字上下功夫

想别人所未想，做别人所未做——这叫"奇"的行动，即别人还没有料到的行动，别人还没有想到的观点。

成功者常常能突破人们的思维常规，反常用计，在"奇"字上下功夫，拿出出奇的经营招数，赢得出奇的效果。

亨利·兰德平日非常喜欢为女儿拍照，每一次女儿都想立刻看到父亲为她拍摄的照片。于是，他告诉女儿说："这简直是一个异想天开的梦。"但他没有因此而退缩，他告诉女儿的话也成为一种契机。最后，他不畏艰难，终于发明了"拍立得"相机。这种相机的作用完全依照女儿的希望，兰德企业就此诞生了。

"拍立得"相机正式投产后，发明者应如何宣传和推销这种新式相机呢？经过慎重考虑，兰德请来了当时美国颇有名望的推销专家——霍拉·布茨。布茨一见"拍立得"相机顿生好感，欣然受命担任专门负责营销的经理。

迈阿密海滨是美国的旅游胜地，每年来此度假的游客成千上万。精明的布茨认为这里是理想的推销场所，他专门雇用了一些泳技高超、线条优美的妙龄女郎，在海滨浴场游泳时假装不慎落水，然后再由特意安排的救生员将其救起，惊心动魄的场面引来了许多围观的游客。这时，"拍立得"相机立刻大显身手，眨眼工夫，一张张记录当时精彩场面的抢拍照片展现在人们面前，令见者惊讶不已，推销员便乘机推销这种相机，就这样"拍立得"相机迅速由迈阿密走向全国,成了市场的热门商品,畅销不衰。公司因此生意兴隆,名声大振。

通过转变观念,以自信的心态去寻找创意,就能不断发明创造,从而在竞争中拿到主动权,获得成功。要敢于想别人所没想,做别人所未做的事。"奇"的行动是别人未料到的行动,"奇"的计谋是别人还未意识到的计谋。

松下幸之助是由生产电插头起家的,由于插头的性能不好,产品的销路大受影响。创业不久,他就陷入三餐难继的困境。

一天,他身心俱疲地独自走在路上。一对姐弟的谈话,引起了他的注意。

姐姐正在熨衣服,弟弟想读书,无法开灯(那时候的插头只有一个,用它熨衣服就不能开灯,两者不能同时使用)。

弟弟吵着说:"姐姐,您不快一点儿开灯,叫我怎么看书呀?"

姐姐哄着他说:"好了,好了,我就快熨好了。"

"老是说快熨好了,已经过了30分钟了。"

姐姐和弟弟为了用电,一直吵个不停。

松下幸之助想:只有一根电线,有人熨衣服,就无法开灯看书,反过来说,有人看书,就无法熨衣服,这不是太不方便了吗?何不想出同时可以两用的插头呢?

他认真研究这个问题,不久,他就想出了两用插头的构造。两用插头的试用品问世之后,很快就卖光了,订货的人越来越多,简直是供不应求。他开始增加工人,扩建工厂。松下幸之助的事业,就此走上稳步发展的轨道,逐年发展,利润大增。

你如何看待日复一日的问题,是不是总认为这些问题非常讨厌?但最重要的是：问题越大，挑战也越大，解决问题时所能得到的满足也就越大。

有创造力的人喜欢接受问题，就像欢迎一个带来更大满足的良机。当你碰到一个棘手的问题时，不妨注意自己的反应。如果你有自信，就会感觉很好，因为你又有一个机会来测验自己的创造力。如果你感到不安，切记，你和其他人一样，可能是缺乏自信。事实上，拥有了自信的心态，我们都能发挥创造力，解决问题，遭遇任何问题，都是激发创意的大好机会。

也许，你梦想着一种没有问题的生活。然而，那种生活是不值得的。如果有一台万能的机器，为你处理一切，你所有的问题就都没有了。但是，这个替代方案会让你的人生失去意义。下次你再梦想没有问题的人生时，请记住这个比喻。

见异思迁图大谋

见异思迁是人性中的污点，人们习惯性地把它和喜新厌旧、不忠不义联系在一起。但对于拥有良好心态、渴望成功的人来讲，这却是必须掌握的经营之道。当然，不是要对朋友、亲人见异思迁，而是在做创意、解决问题的时候"见异思迁"。

当今，创造活动已不再是科学家、发明家的事，很多普通人都可以进行创造性的活动。生活、工作的各个方面都可以迸发出创造的火花，人们在事业上的新的追求、新的理想、新的目标会不断产生。在为新的事业创造奋斗的过程中，一步步实现了这些新的追求、理想、目标。我们看下面几个例子：

（1）C.A.克兰是专售巧克力的商人。每到夏季，他便苦闷异常，因为巧克力变软，甚至融化，销售量急剧下降。他冥思苦想，制造了一种专供夏季消暑用的硬糖，造型上一改块状、片状，而压制成小小的薄环。1912年，他正式批量生产这种命名为"救生圈"的具有薄荷味的硬糖，颇受欢迎，至今不衰。

（2）S.N.戈德曼是目前超级市场人人必需的购物推车的发明者。1937年，他在俄克拉何马城超级市场观察到顾客个个挎着、背着装满物品的筐和口袋，排着队等待着结账。他灵机一动，于是试制了一辆四轮小型推车，结果深受消费者和超级市场老板的欢迎，获得了重大发明专利。

（3）C. 克鲁姆是位美国印第安人，他是炸马铃薯片的发明者。1853 年，克鲁姆在萨拉托加市的高级餐馆中担任厨师。一天晚上，餐馆里来了位法国人，吹毛求疵，总挑剔克鲁姆的菜不够味，特别是油炸食品太厚，无法下咽，令人恶心。克鲁姆气愤之余，随手拿起一只马铃薯，切成极薄的片，骂了一句便扔进了沸油锅中。结果好吃极了，他自己也品尝了几片，确实香酥可口。不久，这种金黄色的、具有特殊风味的油炸土豆片就成了美国特有的风味小吃而进入总统府，至今仍是美国国宴中的重要食品之一。

（4）E.A. 哈姆威原是出生在大马士革的糕点小贩，1904 年在美国路易斯安那州举行的世界博览会期间，他被允许在会场外面出售甜脆薄饼。他的旁边是一位卖冰激凌的小贩。夏日炎炎，冰激凌卖得很快，不一会儿盛冰激凌的小碟便不够用了。着忙之际，哈姆威把自己的热煎薄饼卷成锥形，来做小碟用。结果冷的冰激凌和热的煎饼巧妙地结合在一起，受到了出乎意料的欢迎，被誉为"世界博览会的真正明星"，获得了前所未有的成功。这就是今天的蛋卷冰激凌。

（5）伦敦哈罗兹百货公司曾经的广告语是："哈罗兹专送，任何物件，任何人，任何地方"。如果你走进去问一件东西，他们至少有六种让你挑选。假如你要男人的衬衫，他们有 500 种式样；要领带，有 9000 种；羊毛围巾，有 30 种颜色。

也许你认为伦敦本来是男装最流行的地方，不过你也可以走到食品部去问一问约旦杏仁糖。店员会很有礼貌地说："好的，先生。请问你要白色、粉红色，还是淡蓝色的糖衣？你要金纸、银纸、铜纸或

古铜色纸的包装？做结婚蛋糕旁的装饰品？要装盒子，还是装在仿古的瓶子或花盆里？"哈罗兹百货公司从一间杂货店起家，经过130多年的历史，成为今天的零售业巨人。它的经营范围之广，代客服务之周全，在西方诸大公司中独具特色。哈罗兹可以接受电话订货，其电话订货部的办公室足有一个网球场大，食品与其他货品分别送货．以免香水漏到乳酪上或者肉类玷污了巴黎的时装。电话订货并无多少或大小之分，即使皇家的餐厅每周订货数百磅，或者一个小订户只要两个甜甜圈或圆面包，都一律照送不误。

　　哈罗兹以商品精美、丰富闻名遐迩，它销售的东西从初生婴儿的摇篮到死者的墓地，一应俱全。各种衣服、家具、乐器都有，运动用具可以满足整个奥林匹克代表团的需求，甚至连马球所需的马匹也有供应。有猫狗类的宠物部，出售各种动物，有六间附属饭店和一间酒店，有供男子、女子和儿童专用的理发厅。此外，该公司还有附设的银行、图书馆和房地产部门，代客买卖房地产，负责装修布置，也为顾客拍卖古董和家具，甚至还提供葬仪的一切服务并兼办送葬者的午餐。

　　哈罗兹的特点就是货品齐全，服务周到，这正是该店几十年来长盛不衰的重要原因。

第五章 不断学习，增长业务才能

知识是工作能力的源泉，是事业取得成功的保障。我们生活在一个知识经济时代、一个全球化年代，知识的更新特别迅速，必须把学习作为自己的能力来培养，善于学习，勤于思考才能取得事业上的进步。

知识筑起成功之路

我们都或多或少地记得一些关于"知识"的名言,例如:"知识就是力量""学如逆水行舟,不进则退"等。但许多人却持怀疑态度,知识真有那么重要吗?特别是看到一群离开传统学校教育,却又能自行创业成功的人,这不禁让他们产生怀疑:学习那么多的知识,是不是在做"无用功"?

人类的进步离不开知识,我们要想达到自己确立的目标,更离不开知识的帮助。有了知识之后,我们便可以增强自己的才干,增加自己创业的资本。知识可以使人变得丰富而有所作为。

培根说:"知识就是力量。"一个人缺少了知识,就像鸟儿缺少了搏击长空的翅膀。相反,如果善于求知求学,就能垫起你成功的双脚,最终实现你做大事、成大业的梦想。

一个人学到的东西越多,前景就越光明。有一个年轻人,他出门的时间比在家的时间还要多,有时乘火车,有时坐轮船,但无论到什么地方,他总是随身携带着书,以便随时阅读。这些书包括古文、历史、数学等。一般人浪费的零碎时间,他都用来自修阅读。结果,他对于历史、文学、科学以及其他各国的重要学问,都有相当的见地,这使他最终成为一个著名的学者。

我们绝不能低估知识的价值。知识虽然是无形的,但是它对人类的影响却是非常深远的。现代人都知道学习知识的重要性，阅读各行业成功人士的传记或自传，并通过静心地思索，我们就有可能从中找出适合自己的成功之路来。

书籍是知识的重要载体。俄国著名学者赫尔岑说过："书是和人类一起成长起来的，一切震撼智慧的学说，一切打动心灵的热情都在书里结晶形成；书本中记述了人类生活宏大规模的自由，记述了叫作世界史的宏伟自传。"

书籍之所以伟大，因为它蕴涵着千百年来人类的智慧与理性。书籍是一种工具，它能在黑暗的日子鼓励你，使你大胆地走入一个别开生面的境界，使你适应这种境界的需要。所以翻开书，为事业储备力量。读书，是你事业的必由之路，是你走向成功的金钥匙。

然而，我们的生活节奏之快，令许多人陀螺似的旋转，根本无暇旁顾。"读书？学习？哪有空儿？"这是太多人的心声。那我们来看看毛泽东的建议："在忙的中间，想一个法子，叫作'挤'，用'挤'来对付忙。……忙可以'挤'，这是个办法；看不懂也有一个办法，叫作'钻'，如木匠钻木头一样地'钻'进去。看不懂的东西我们不要怕，就用'钻'来对付。在中国，本来读书就叫攻书，读马克思主义就是攻马克思的道理，你要读通马克思的道理，就非攻不可，读不懂的东西要当仇人一样地攻它。现在有些人是不取攻势只取守势，那就不对，马克思主义决不会让步，所以不攻是得不到结果的。……工作忙就要'挤'，看不懂就要'钻'，用这两个法子来对付它，学习是一定可以获胜的。"

想想自己的时间，是不是由于沉浸在肥皂剧、迷恋于网络游戏而悄然流逝，是不是伴随着我们往往返返的上下班而丢在了交通工具上？其实这些都是可以利用的。只要用心去挤时间，用心去钻研，没有什么是学不到，掌握不了的。

要持续不断地学习

一切事物随着岁月的流逝，都会不断折旧。但是，你有没有想过，你赖以生存的知识、技能也一样会折旧。在风云变幻的职场中，脚步迟缓的人瞬间就会被甩到后面。

如果你是工作数年，自认资深的员工，也不要倚老卖老，妄自尊大，否则很容易被淘汰出局。即使你曾经是老板眼前的红人，他也会为了公司的利益舍你而去。

在知识爆炸的今天，人不读书，就如同在黑暗中行走。美国职业专家指出，现在职业半衰期越来越短，所有高薪者若不学习，用不了五年就会变成低薪。就业竞争加剧是知识折旧的重要原因，据统计，25 周岁以下的从业人员，职业更新周期是人均一年零四个月。当 10 个人只有 1 个人拥有电脑初级证书时，他的优势是明显的，而当 10 个人中已有 9 个人拥有同一种证书时，那么原有的优势便不复存在。未来社会只有两种人：一种是忙得要死的人，另一种是找不到工作的人。所以，持续不断地学习才是百战百胜的利器。

职场人的学习，有别于学校学生的学习。由于缺少充裕的时间、心无杂念的专注，以及专职的传授人员，所以积极主动地学习是关键。

要想在当今竞争激烈的商业环境中胜出，职场人就必须学习从工作中吸取经验，在工作中不断学习。年轻的彼得·詹宁斯是美国 ABC 晚间新闻当红主播，他虽然连大学都没有毕业，但是却把事业作为他的教育课堂。他当了三年主播后，毅然决定辞去人人艳羡的主播职位，到新闻第一线去磨炼，干起记者的工作。他在美国国内报道了许多不同类型的新闻，并且成为美国电视网第一个常驻中东的特派员，后来他搬到伦敦，成为欧洲地区的特派员。经过多年历练后，他重回 ABC 主播台的位置。此时，他已由一个初出茅庐的年轻小伙子成长为一名成熟稳健而又广受欢迎的媒体人。

通过在工作中不断学习，可以避免由无知滋生出自满，损害你的职业生涯。不论是在职业生涯的哪个阶段，学习的脚步都不能停歇，要把工作视为学习的殿堂。你的知识对于所服务的公司而言，可能是很有价值的宝库，所以你要好好自我监督，别让自己的知识落在时代后头。

多数企业都有自己的员工培训计划，培训的投资一般由企业作为人力资源开发的成本开支。企业培训的内容与工作紧密相关，所以争取成为企业的培训对象是十分必要的，为此员工要了解企业的培训计划，如周期、人员数量、时间的长短，还要了解企业的培训对象有什么条件，是注重资历还是潜力，是关注现在还是关注将来。如果员工觉得自己完全符合条件，就应该主动向老板提出申请，表达渴望学习、积极进取的愿望。老板对于这样的员工是非常欢迎的，同时技能的增长也是员工升迁的能力保障。

在公司不能满足自己的培训要求时，也不要闲下来，可以自掏腰包接受再教育。当然首选应是与工作密切相关的科目，其他还可以考虑一些热门的或自己感兴趣的科目，这类培训更多意义上被当作一种补品，在以后的职场中会给员工加分。

由于知识、技能的折旧的速度越来越快，不通过学习、培训进行更新，我们的适应性就会越来越差，而老板又时刻把目光盯向那些掌握新技能、能为公司提高竞争力的人。所以未来的职场竞争将不再是知识与专业技能的竞争，而是学习能力的竞争，员工如果善于学习，他的前途会一片光明。

让我们也收拾起行李，站在巨人的肩膀上，用我们的耐心和坚定不移的信心去打开生命之门吧！

成为学习型的全才

瑞士人费德勒是一位世界级的网球明星,几乎统治了男子网坛。在比赛中,他总能以一种令人折服的能力征服对手。如果单论某一个具体的环节,费德勒不见得是最出色的。可能有的选手发球比他好,有的选手防守比他好,但在和费德勒的较量中,他们都只能甘拜下风。费德勒靠的是什么?是全面的技术,任何一个环节都没有明显的破绽。这种全面的技术,使他在任何类型的场地上都能有着出色的战绩。

全面,绝对不仅仅是只有运动员才需要具有的素质。作为企业里的一员,你同样必须做到这一点。那种想靠着"一招半式"来获得晋升的可能性不太现实,因为在工作中,一个普遍存在的事实是:没有谁是不可替代的,除非你具有爱因斯坦、比尔·盖茨那样的才智。在一个公司里,往往雇员之间的差别并不大。即使你暂时掌握了一门别人不会的技术,用不了几年,你的技术就会被复制,别人手里可能还掌握着你所没有的技能。故步自封的唯一结果,就是在竞争中处于劣势,甚至会被淘汰。

即使不被淘汰,你也永远只能维持你的状况,毫无发展可言。你可以自我审视一下,看你自己在企业中处于什么样的角色,你是只注重把自己的本职工作做好,还是愿意主动地去学习其他与你目前的岗位相关甚至不相关的岗位知识与技能呢?如果你还没有这种意识,那么我可以说,你还不是一个具有学习能力的员工。企业需要的是一专多能的"全方位"

的员工。

你也许会说，我做好本职工作就好了吧？不然，会不会有适得其反的效果呢？事实上，当代企业对员工的要求已经从简单的定岗性质的"专才"转向了具有学习型特征的"全才"，如果你只是"专才"而非"全才"，那么即使你在今天可能成为企业的优秀员工，但是，你的这种优秀很可能会在明天就变得普通，后天落入不合格员工的行列。因为这个时代的变化，谁都无法完全把握。技术的进步与职业要求，往往会在一夜之间发生翻天覆地的变化。因而，能够立于不败之地的只有"全才"，只有具有学习能力的卓越员工。

学习可以让你拓展自己的职业区域，当你通过学习掌握了企业所有岗位的知识与技能，并且以主动的态度不断吸纳新的知识与技能，那么无论企业发生什么样的变化，也无论你的工作会有什么样的变动，甚至你的职业发生变化，你都可以应对自如，而不会因从未学习变得慌乱。

同时，通过学习成为"全方位"学习型员工，还可以让你获得比其他员工更多的机会，当你学习的知识与技能达到足以引起企业注意的时候，你的职业生涯也将因此而发生质的变化。你会得到高升，会得到更好的平台来发挥你的所学，会拥有一片新的、可供你继续学习的广阔天地。

莱曼是一家建筑工程公司的副总经理。几年前，他是被作为一名送水工招进来的。莱曼并不像其他送水工那样，把水桶搬进来以后就一走了之，他给每个工人倒满水，并在工人休息的时候缠着他们讲解关于建筑的各项工作，他的好学引起了建筑队长的注意，两周后，莱曼当上了计时员。成为计时员的莱曼依然勤勤恳恳地工作，他总是早上第一个来，晚上最后一个离开。由于他对所有的建筑工作比如打地基、垒砖、制泥浆都非常熟悉，当建筑队的负责人不在时，工人们总喜欢问他。有一次，莱曼把旧的红色法兰绒撕开，包在日光灯上，以解决施工时没有足够的红灯来照明的困难。负责人看到后，决定让这个好学而能干的年轻人做自己的助理。现在莱曼已经是公司的副总经理，但他依然在不断地学习各种各样的知识。

要想成为一名全能型的员工，每天淘汰自己是个很好的思路。你可以把自己不好的地方挑出来，然后学习别人优秀的思考方式和工作技能。那么你会问，我应该向谁学习呢？

向你的领导学习。上司之所以是上司，一定有许多你所不具备的特质。事实上，几乎在每一家单位里，领导都是最有责任心的人，在他身上所表现出来的优点，值得你认真思考与学习。如果你能随时随地向领导学习，那么你做事会更尽心尽力，像领导一样思考和行动。通过向领导学习，你就会主动将单位的发展与自己的前途命运相关联，就会感觉到单位的事情其实就是自己的事情。你知道什么是自己应该做的，什么是自己不应该做的。

向你的同事学习。每一个人身上都具备不同的优点，这些优点一旦被你学习吸收，那么就会在很多时候对你有所帮助。你的同事或者在工作技术上强于你，或者在职业技能上高于你，那么学习他的技术技能和工作经验，都能给你提供极大的帮助。

向你的客户学习，让客户的知识经验成为你自己的知识的一部分。客户很可能是定义你今后发展的关键。观察客户的不同需求，或是观察他们使用你的产品或服务的不同方式，都可能为你发展新的产品或行销策略提供灵感。你只要细心，就可以从客户身上学到各方面的知识，从而打开思路，获得一些终身可用的教益。不仅要把客户当成你生意和工作上的财富，还要把他当成能助你获得自我提升的财富。

　　世上所有的经验，都是由"事情"积累而来的。在你的成长过程中，每经历一件事情，都是给你提供了一次极好的学习机会。作为一名员工，你的工作其实就是"做事"，你所做的每一件事，都是你学习的机会，如果你能够充分利用这些机会，在解决每一件事情的过程中，你所学得的知识与技能都必然会有所增加。

只有学习，才能创新

职场人和大学生的最大差别是：前者的学习并不仅仅是为了增长知识，而是要运用知识来完成任务，实现目标。通过学习，在工作中有所创新，无疑是实现目标的一条极为有效的途径，学习就是要创新。

英国权威杂志《经济学人》调研部通过与全球 500 名商业领袖进行访谈而做出的一项最新调查表明，几乎 60% 的管理人员都把技术创新作为今后三年改变世界市场的唯一重要动力。而"缺乏创新"被确定为企业今后三年将要面临的三大风险之一。

其实，创新并不是什么神秘的事情，爱因斯坦发明相对论是巨大的理论创新，一个企业的员工对产品的一个细节性的改进也是创新，可以说创新无处不在。

日本的东芝电气公司在 1952 年前后曾一度积压了大量的电扇卖不出去。7 万名职工为了打开销路，费尽心机地想办法，依然进展不大。有一天，一个小职员向当时的董事长石板提出了改变电扇颜色的建议。在当时，全世界的电扇都是黑色的，东芝公司生产的电扇自然也不例外。这个小职员建议把黑色改为浅色。这一建议立即引起了石板董事长的重视。

经过研究，公司采纳了这个建议。第二年夏天，东芝公司推出了一批浅蓝色电扇，大受顾客欢迎，市场上甚至还掀起了一阵抢购热潮，几十万台电扇在几个月内一销而空。从此以后，在日本以及在全世界，电扇就不再都是一副黑色面孔了。

只是改变了一下颜色，就能让大量积压滞销的电扇，在几个月内迅速成为畅销品。这一看似简单的设想，效益竟如此巨大。提出这一办法的员工或许并非天才，为了想出这样一个好主意，他肯定花费了心思参考很多人的想法，他的过人之处在于不肯仅仅满足于现有的想法。仅仅是颜色的改变却让我们从他身上看到了极强的学习能力和创新精神。

一个企业的发展在于创新，一个国家的进步与繁荣也离不开创新。可见，不管是个人的进步、企业的发展还是国家的振兴，都离不开创新。而创新的关键就在于不断地学习。

中国共产党历来重视对马克思主义的理论学习。毛泽东在《在延安在职干部教育动员大会上的讲话》一文中谈到学习时曾说："我们队伍里有一种恐慌，不是经济恐慌，也不是政治恐慌，而是本领恐慌。过去学的本领只有一点点，今天用一些，明天用一些，渐渐告罄了。好像一个铺子，本来东西不多，一卖完就空空如也，再开下去就不成了，再开就一定要进货。我们干部的'进货'，就是学习本领，这是我们许多干部所迫切需要的。"马克思主义本是舶来品，正是我党不断学习，并学以致用，创造性地把马克思主义与中国的实际相结合，不断丰富马克思主义理论，才使得马克思主义经久不衰，才不断开创着中国发展的新境界。老一辈革命家的谆谆教导适用于每一个人，在职场中只有不断学习，勤于思考，才能进步，才有可能实现工作中的不断创新。

在现实生活中，很多人往往会因为在一个职位上待的时间过长，看问题的方式被固定成为单一的模式，形成了思维定式，一旦遇到新问题，还是习惯于用原有的方法来解决，这就很难做到有所创新，在工作上也

不会有什么好的业绩。

要想做好工作，就一定不要满足于仅仅利用以往的工作经验，而是要在已有的工作经验的基础上，努力学习，不断创新。

"管理之父"德鲁克有一句名言：组织的目的只有一个，就是使平凡的人能够做出不平凡的事。要想在职场上有一番作为，你就必须不断学习、勇于创新。一次、两次的灵光一现，并不能让你真正具备高人一等的资本，只有坚持长期地创新，不断地创新，才能在工作中不断提高，超越别人，也超越自己。

学习永无止境

只要我们始终坚持学习，了解自身、了解周围世界，未来的钥匙就掌握在我们自己手中。这种学习可以使我们保持敏感和活力，可以处处先发制人，而不是后发制于人，还可以为我们的生活带来一些积极的变化，提高我们的自我意识。

教育包括很多层面的内容：知识、信息、技能、价值，还有领导能力。每个人都有自己的着重点。而职场人最应该看重的，是一些内在的技能，这包括对自我和他人的了解，发现自己的禀赋和渴望，以及意识到自己真正的潜能。选择这些方面的学习，事实上意味着选择了一种生活方式。主动为我们的生活寻找变化，那些未知的领域不再让我们感到害怕，相反，我们怀着浓厚的兴趣去探索它的奥秘。

一旦踏上征程，开始关注、了解周围的世界，我们很快就会得到回报。在这里，学习意味着发现、唤醒、思考，学习的过程就是不断为我们带来自信、果断、欢乐和兴奋的过程。

学习的一个重要内容是，摒除我们思想中的旧观点、旧习惯，为新思想的产生创造条件。这时候，你需要放弃自己以往的思考方式，用新的思考方式取而代之。要做到这一点，你不妨问问自己："是什么在阻碍我实现自己的目标、梦想？我是否在抗拒变化？我在抗拒什么变化？怎样才能克服这些阻碍？"

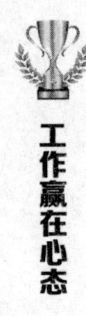

那些与我们有近似目标的人，我们要注意听取他们的经验和教训，尤其是那些已经到达目标的人，我们可以请教他们，他们是如何改头换面、除旧迎新的？如果身边没有这样的人，就多留意，功夫不负有心人，你一定能找到的。找到以后，你有各种向他们求教的途径，这主要取决于你要学习的内容，可以当面交流，可以在电话里切磋，可以阅读他们的著作，看他们的传记，出席他们参加的讨论会，听他们的广播录音，也可以通过互联网。总之，方式可以千变万化。你要相信这样的人一定是存在的，你需要做的就是找到他们。还有，不要忘了我们的朋友和伴侣，听听他们的意见，看看他们认为我们身上还有什么不足需要克服。

当然，不要被那些名不副实、徒有其表的专家蒙蔽，你要找的是那些真正有一技之长、在自己的专门领域有丰富的理论知识和实践经验的人。因为你并非要去学皮毛的知识，而是要成为这个领域真正的行家。

还有一点非常重要，要注意为自己选择一个良好的学习氛围。研讨会、兴趣小组，或者是旅行中，或者是书店、图书馆，这都是很好的选择，在这些地方，你会源源不断地有新思想涌出。你需要的，就是时刻注意学习，不要轻易放过自己的任何经历，因为每一次经历都会带给你收获。

对于传统意义上的知识的学习，你必须先问自己，我要达到的目标是什么？还需要哪些知识？答案出来以后，对于那些有助于你实现目标的知识不要忽略，仍然要投入时间、精力学习。对于其他认定对你并无多少帮助的知识渠道，比如大众媒体，要尽可能地保持距离。这时候，你每天需要抽出一定时间，全身心地放在学习上，不要让任何事情来打扰，因为这样学习的效率才会提高，你可以更快地学到你所需要的知识。

在我们迈步向前之前，我们先要退回自己的内心深处，看看自己还有哪些需要提高、改善的方面。我们是否太过于谨小慎微，缺乏勇气和胆量？我们是否太缺乏对未来的勾画和对自己的信心？我们是否注意力太分散，以至于妨碍了我们实现自己的目标？我们是否有意在回避需要解决的问题？每个人都会遭遇各种各样的问题，不要找借口把它留给明天，现在就着手去解决它。

我们要学习的，包括关于各种技术、人和处理社会关系的技能。其中，与人本身相关的那些技能，是我们学习、掌握其他技能的基础。此外，处理社会关系的技能也很重要，我们和家庭、朋友、同事以及其他人的关系处理得如何，将直接决定我们的幸福和成功。而技术方面的技能，则多数和从事的职业有关。如果希望在自己的领域出人头地，那么掌握这些技能非常重要。我们需要先了解，对于专业领域的成功，有哪些技能需要掌握，永远不要间断对自己的培训、教育，要和这些领域的成功者多接触、交流，向他们学习。

有时要获得事业的成功，还需要你能够扮演领导者的角色。这时，你需要有明确的价值观念、品行端正、为人表率，还要时时注意关心他人，这些都会对下属发挥一种积极健康的影响力。一个人一旦开始领导自己，同时也就开始领导别人了。

你可能还会发现，有些项目活动你觉得非常有意义，那么不要迟疑，去推动它的实施，因为这也是你实现自我教育的一个有效手段。如果遇到和你志同道合的人，那么就主动去创立一个小组，或者协会如果有自己看中的委员会，就加入进去为它服务；或者，觉得有必要开办教育课程，就出来担当责任。最后还有一点很重要，多交新的朋友。

有一种不好的学习倾向，就是过于专注自己的专业领域，对于周围其他活动一概不感兴趣。虽然，要在一个领域有所成就，需要花费大量时间，但因此我们就把自己同社会环境隔绝起来，把一切外面的刺激都视为多余的干扰，这种做法实际非常短视，并不足取。

我们应该追求全面、综合的发展。事实上，多种多样的经历可以帮助我们提高生活的辨别能力，而明智的做法是在各种经历之间保持一种平衡，而不是顾此失彼。因此，对于自己感兴趣的业余爱好，不要轻易丢弃，如果遇到可以不惜时间泡在上面，直到最终它也成为你的一项事业，成为你生命中的一部分。

总之，最重要的一点是不要放弃学习。不要回避那些基本的问题，要尽力去寻找答案，要学会在暂时还不能找到答案的时候，如何去生活。让自己面向未来、面向无限的可能性去生活，让自己成为热爱学习的人，你会发现你的生活从此有了彻底的改观。

掌握有效的学习方法

孟子曰:"尽信书,则不如无书。"学习要讲究方法,不讲方法的"死读书",就算读一辈子也难有所作为。总结起来,学习方法应从以下几个方面改进:

(一)承认自己的不足

孔子说:"三人行,必有我师。"虽然每个人都有不足之处,但每个人也都有优点。一个好学的学生,自然应该虚心学习别人的长处,借鉴他人的经验。

学习他人首先要承认自己无知。对于大多数人来讲,这样做很难。因为人人都有虚荣心,不愿意承认自己的不足。这些虚荣心会成为你前进道路中的最大障碍,如果你坚持认为自己是多么有本事、如何有才能,你的话都可以成为权威和经典,那么你只能遭到别人的唾弃。相反,如果你能承认自己的不足,反而容易引起别人的共鸣,从而得到别人的支持与帮助,这也有利于建立健康的心态,学习他人的长处。

(二)学会倾听

"忠言逆耳,良药苦口。"他人的意见虽然不那么中听,但是如果我们能够放下虚荣心,认真听取,肯定能够从这些意见里发现自己的许多不足,而这些不足又是达成成功所必须克服的,所谓"以人为镜",

正是这个道理。"有则改之，无则加勉。"这应是我们听取忠言应遵循的原则。

一个人所能掌握的知识是有限的，有许多东西是我们个人所无法了解的，通过倾听别人的谈话，我们可以获取许多有用的信息，可以分享他们的知识和经验，甚至还可以得到别人的好感与支持。

人的一生中大部分经历都是很快就会被忘记的，但总有一些刻骨铭心的经历在心中烙下深深的印记。所以，如果你能有幸倾听他人最宝贵的经验，无疑会极大地丰富自己。

（三）肯定他人的长处

"尺有所短，寸有所长。"我们要看到他人的长处，肯定他人的长处。当我们真心实意地向他人学习时，首先应该对别人的长处加以肯定。每个人身上都有闪光的亮点，每个人都期待别人来发现，并欣赏他的闪光之处。一旦你能够做到这一点，相信他就会把这些东西展示给你。大多数人都有一种共同的心理：期待别人的肯定和赞赏，所以他不可能对自己的长处也加以隐藏，他甚至还加进些炫耀的成分，这时，你大可不必理会，给他一个展现的机会吧。

（四）从兴趣入手

使学习的积极努力兴趣化，是成功特别重要的一个法则。

你可能很积极、很努力地学习，但只有把这种积极、这种努力转化、培养为一种浓烈的兴趣，才能够使得你的学习和人生出现特别大的变化。

有的人很努力地学习，但是他没有兴趣，起码是对有些课程没有兴趣，可是还在很努力地学习。凡是这种情况，学习效果要差很多，往往可能事倍功半，效率不够高。

有兴趣，才能够轻松愉快地学习，才能够不知疲倦地学习，这叫乐此不疲。学得高兴，就不容易疲劳。做自己喜欢做的事情，就会觉得愉快、轻松，就不会觉得痛苦，就会精力焕发和提高创造力。

浓厚的兴趣使人主动、积极上进，从而能开发人的潜力。每个人都应按照自己的兴趣去发展，要体会自己的感觉，对什么敏感，对什么迟钝，喜欢什么，憎恨什么。

（五）选择良师

确定学习目标是开始，而怎样选择一位适合你的老师并不是一件容易的事。如果一个人能择得良师的话，顽石也可能变美玉；如果择师不慎，美玉也可能变成残瓦，甚至毁灭。

为人处世，必须选择良师。其实每个人所知有限，处处有师。每个人各有优点长处，你可以学习他人的优点和长处，而这个学习的对象就是你的老师。

（六）读好书

庄子说："吾生也有涯，而知也无涯。"如何用我们有限的精力和时间读最有价值的书籍，是我们应该明确的问题。

那么，如何在书海中挑选最符合自己需要的书籍呢？一种比较笨的方法是自己积累筛选，通过不断试读，精选出一些佳品来，但这实在是不得已的办法，仍然免不了在不入流的书刊中耗费精力；另一种方法是靠别人介绍推荐。

(七) 学以致用

在学习中要有归零心态，应该明白有许多书你永远也没有和它们相遇的机会，有一些书你对它们可能只有一些非常粗略的了解，但还是有极少数的书对你有非同寻常的价值，你和它们也相知最深。每个人都应当有几本像最亲近的朋友一样的书籍。也许有些书读过就忘记了，可有些书却会对你的成功产生深远的影响。

一定要记住：不可读死书，应当学以致用。所以，只有从书中充分吸取他人的经验教训、理论总结，并灵活地运用，使之成为自己的东西，读书才算是有效果的。

在读书时，要尽量广泛涉猎各门类的书籍，这样才能扩大自己的视野。应当有几本最喜爱的书，就好像自己应该有几个最知心的朋友一样。所学的东西既要能应用，也要能讨论。将所学的知识融入自己的一部分思想，学以致用，为追求成功插上知识的翅膀是读书的终极目的。

第六章　注重修养，提升职业形象

做人要讲境界、讲品位、讲修养。只有在职场中永远保持良好的心态，不断提升自己的素质，为自己增添人格魅力，才能提升自身的职业形象，不断地取得成功。加强自我修养，可以多一点书卷气，少一点世俗味；多一点高雅情趣，少一点低级趣味；多一点人格魅力，少一点人性弱点。

工作小节要检点

有人认为"不拘小节"是一种潇洒、一种成就大事的风格，他们将轻浮视为洒脱，将放荡不羁视为追求个性。殊不知，这些日常琐屑细节，恰恰是一个人的天性、本质、修养的自觉流露，这些地方往往将人的言谈举止反映得更客观、更全面。

有个人在单位上班、下班，与人见面时从来不打招呼，对面来人了，赶紧将头扭向一旁。他获得了一点成绩后，更加我行我素旁若无人。当他失败时，自然也没有得到别人的一点安慰和帮助，大家的评语是："活该""应有此报！"这样的结局多令人心寒！如果他平时能放下自己那副趾高气扬、不可一世的派头，与周围的人多点沟通，又怎么会落得如此狼狈的下场呢？

不要小瞧了和别人沟通这一细节。虽然与人沟通感情的最初阶段只是打招呼，但不要忘记，在人的内心里有思想和感情两个方面，心与心之间要想系上纽带，最初的方法就是打招呼，由陌生到认识，再熟悉。首先促进感情，然后就易于沟通、交流思想了。如果连最简单的"您好""再见"等日常招呼也不会的人，怎么能称得上是一个成功的社会人士呢？人生活在社会上，还得受社会环境的制约和诱导，不可能不与周围的人接触，你不拘小节，难道你周围的人也不拘小节吗？

在职场中，要有符合职场特点的言谈举止和着装。在交往时，言行举止往往与人的内心世界联系在一起，言行可能会使对方对你产生好恶感，从而在一定程度上影响交往的成败。尤其应该注意的是，尽量不要招致对方的不愉快，损人利己或者损人不利己的事情，一定要严加禁止。所谓"严于律己，宽以待人"，我们总要时时反省、检视自己的举止言行，这虽然只是一些小节，平时也应多加注意才会让对方对你有好感。

有人电话交谈过于长久、习惯使用口头禅，时常讲"不可以""不行"这一类否定词语，这种人给人的印象多半不好。有人服装不整、不注意卫生，给人以不洁之感。甚至有人喜欢做些不雅的动作，以及态度冷漠、公私不分等，都必须好好注意、加以改善。

有的人说话喜欢将手插在口袋里，有时还坐在桌子上。这不是好的习惯，这是一种过于散漫、过于随便的讲话方式。在交谈时，将手插在口袋里，容易让人产生不良的印象，尤其是在多数听众面前，这种姿态会使周围的人觉得，这位发言者只沉迷于自己的世界之中，而将他人看作较自己低下；或者表现欲望非常强，给人感觉不可超越他。不管你有没有这种傲慢的想法，但这种态度，很容易让人误以为你就是这样一种人。

要想做不流于一般的人，就应学会在细小处下功夫。

有时候，公司老板或业务员要出差，便会安排员工去买车票，这看似很简单的一件事，却可以反映出不同的人对工作的不同态度及其工作的能力，也可以大概测定一下今后工作的前途。有这样两位秘书，一位将车票买来，就那么一大把地交上去，杂乱无章，易丢失，不易查清时刻；另一位却将车票装进一个大信封，并且，在信封上写明列车车次、号位及启程、到达时刻。后一位秘书是个细心人，虽然她只做了几个细节之处，只在信封上写上几个字，却使人省事不少。按照命令去买车票，这只是"一

个平常人"的工作，但是一个会工作的人，一定会想到该怎么做、要怎么做，才会令人更满意、更方便，这也就是用心、注意小节的问题了。

工作上细心不容忽视。注意小节所做出来的工作一定能抓住人心，虽然在当时无法引起人的注意，但久而久之，这种工作态度形成习惯后，一定会给你带来巨大的收益。这种细心的工作态度，是出于对工作的重视产生的，因此，对再细小的事也不能掉以轻心，要专注地去做。能够成为大人物的人，即使要他去收发室做整理信件的工作，他也会认认真真地将工作做到最好，这种注重细节的态度，就是使自己发展的营养剂。

细节，就是小节，它不仅具有艺术的真实，而且更具有生活的真实。工作中注重细节，才能反映出你的心是在工作上。

对诱惑要说"不"

非洲的原野上有一种花,色彩斑斓,芳香扑鼻。路过的飞虫往往禁不起这种诱惑,扑上去贪婪地吮吸,却不知道自己扑进了死神的怀抱。这种艳丽的花能分泌一种黏液,花瓣能开能合。当觅食的飞虫停在花瓣里,花朵的黏液立刻将贪吃的飞虫牢牢粘住,同时花瓣悄悄合拢,小虫成了瓮中之鳖,只能等待死亡的降临。飞虫就是因为禁不起死亡之花的诱惑,美丽的颜色和醇厚的芳香令它丧失了性命。

职场生活中也存在着许许多多的诱惑,像金钱、官位、名誉、荣誉……我们需要做的就是摆正心态,抵制诱惑。这可以从以下几点去着手:

(一)适应工作中的不公平

工作中有许多不公平的现象,诸如干得多拿得少,工作是自己的、荣誉是别人的,如此种种。生活本身就是不公平的,绝对的公平根本就不会存在,当我们不能改变它时,就学着去适应它。要相信只要我们付出过,被遗忘也是一时的。

(二)钱的多少不是第一位的

生活中,钱不是万能的,但没有钱却是万万不能的,这是人人知道的道理。但是,我们工作的目的不能只盯着眼前所获得的报酬的多寡,更重要的是要考虑是否能够提升个人能力,是否有益于自己的前途。

曾有一位知名的企业家在谈到这个问题时，说过一件事情。他初创业时，企业一度不是很景气，曾出现过很多困难。但是很多员工都很是看好他们所做的行业，对工作依然兢兢业业。只是其中有一位各方面都很优秀的员工离开他的企业，去了一家每月能多拿200元的公司上班。几年之后，他的企业成为了上市公司，跟着他的很多老员工都成为了百万富翁。虽然，离职的那位优秀的员工又回到他的公司上班，但是光每个月的薪水他就和别人相差了2000元，因为他要重新开始。

当然，如果你还因职业的便利，在金钱方面出现了一个"贪"，因而断送了前程，甚或是生命，那就太不值得。所以，面对金钱的诱惑，必须摆正自己的心态，克服盲目攀比心理，树立正确的金钱观念，做到"君子爱财，取之有道"。

（三）忠诚是必要的

在职场中，很多人跳过槽。遇到待遇各方面都好的职位是不是应该辞掉现在的工作？

当今社会竞争激烈，在人人都在谋求个人利益，实现自我价值的时候，请记住：个性解放、自我实现与忠诚和敬业并不是对立的，而是相辅相成、缺一不可的。

许多年轻人喜欢频繁跳槽，觉得自己工作是在出卖劳动力，他们蔑视敬业精神，嘲讽忠诚，将其视为老板盘剥、愚弄下属的手段。其实，忠诚是职场中最值得重视的美德，只有所有的员工对企业忠诚，才能发挥出团队的力量，才能推动企业走向成功。一个公司的生存依靠少数员工的能力和智慧，却需要绝大多数员工的忠诚和勤奋。老板在用人时不仅仅看重个人能力，更看重个人品质，而品质中最关键的就是忠诚度。

在这个世界上，并不缺乏有能力的人。但是只有那些既有能力又忠诚的人，才是每一个企业都需要的理想人才。人们宁愿信任一个能力差一些却足够忠诚敬业的人，而不愿重用一个朝三暮四、视忠诚为无物的人，哪怕他能力非凡。如果你是老板，你肯定也会这样做。所以，在面对金钱、荣誉、名誉、权势的诱惑时，一定要理性，在保持忠诚度的基础上弄清楚哪些才是对自己真正有用的。

平时爱好要得当

人生在世，不能没有爱好，一张一弛才是生活之道。整天只为工作而忙碌，人生就失去了乐趣。良好的爱好，比如垂钓、集邮、旅游、琴棋书画，可以放松紧张的情绪、驱赶身心的疲惫，享受生活的美好，陶冶高尚的情操，甚至可以提升人格魅力。爱因斯坦一生钟情于小提琴演奏；孔子爱好音乐，听一段好曲，能"三月不知肉味"；毛泽东喜欢游泳，"万里长江横渡"，显示出他那"不管风吹浪打，胜似闲庭信步"的宽广胸怀和坚定信念。

积极健康的业余爱好，对于陶冶性情、丰富个人生活不失为一种好方法。但值得注意的是，要防止"爱好"变成"嗜好"。

我们要注意，追求个人兴趣爱好要把握好方向。个人兴趣爱好是一把"双刃剑"，既可以陶冶情操，完善内在气质，也可能"玩物丧志"，沉迷于个人享受中。即使选择了健康的兴趣爱好，如果在追求发展的过程中，不认真把握好方向，同样会演变成为有损害的兴趣爱好。因此，一定要不违反法律法规、不伤害他人、不影响个人身心健康，以避免把个人兴趣爱好的"小车"，开进了不能自拔的"泥沼阴沟"里。

我们还要注意，要把握好追求个人兴趣爱好的"度"。既然是业余爱好，那么就不能拿它当作生活和工作的全部，不能占据自己的工作时间，不能"喧宾夺主"成为"主业"。教师就要提高自己的教学水平，司机就要开好自己的车……如果沉迷于个人的兴趣爱好，不务正业，那就很可能造成工作上的失职、渎职，危害他人的利益，同时自己也要承担责任，可谓是害人害己。个人的兴趣爱好，只能用来丰富业余生活，调节因工作造成的紧张情绪，一定要分清楚主次，切不可玩物丧志。古往今来，从一般从业人员到政府领导，不乏因沉迷于个人的兴趣爱好而荒废职业、荒废政务的事，一定要引以为戒。

此外，我们还要给自己的爱好"上锁"。"锁住"自己的爱好，主要是针对领导而言的。工作中，领导少不了要与各种各样的人打交道，这就要求领导要树立坚定的政治立场，纯洁交际圈，做到交往讲原则、讲品位；把个人爱好当秘密，划清职务行为与业余爱好的界限。许多业余爱好不是独自一人进行的，往往不可避免地使领导身边出现一些牌友、棋友、画友，等等。如果这纯粹是因共同的爱好结成的友谊，那就是健康的志同道合的关系，所谓"君子之交淡如水"。但领导对那些"项庄舞剑，意在沛公""醉翁之意不在酒"的人要有足够的警惕，一旦察觉其意图，及早拉开距离。

据《清朝野史大观》记载：清道光年间，刑部大臣冯志圻酷爱碑帖书画，但他从不在人前提及此好，赴外地巡视更是三缄其口，不吐露丝毫嗜好心迹，以防宵小之人投其所好。一次，有位下属献给他一本宋拓碑帖，冯志圻原封不动地退回，有人劝他打开看看也无妨。冯志圻说，这种古物乃稀世珍宝，我一旦打开，就可能爱不释手，不打开，还可想象它是赝品。"封其心眼，断其诱惑，怎奈我何？"冯志圻谨防有人投其所好和阴击欲望的做法在今天仍有借鉴意义。

古人把嗜好称为"祸媒"，并以"好船者溺，好骑者坠，君子各以所好为祸"警诫世人，历史和现实中的教训也让我们醍醐灌顶。作为领导，一定要防微杜渐，管住自己的爱好。

节约是美德

员工在做事情时，都要为企业精打细算，应该衡量一下，做这件事情能有多少收益，要付出多少成本，是不是合算，这种想法就是"成本意识"。其实，精打细算也是一种工作能力。无论工作大小，员工都应该算一算、比一比，逐步形成精打细算的习惯。

小张和小王一同被招进一家建筑公司，合同上约定是一个月的试用期。

他们的工作再简单不过了，就是把落在地上的钉子捡起来。就这样，两个人捡了五天，捡的钉子足足有几十斤。小张暗暗算了一笔账，发现这样做很不合算。小张决定向老板反映一下这个问题，但小王却不主张他这么做："你还是别找老板的好，万一老板不让我们捡钉子了，那我们岂不是没事做了。"

小张考虑再三，最后还是决定向老板说明情况："恕我直言！我们两人一天捡的钉子最多也不超过10斤，这种钉子的价格是每斤3.5元，算下来，我们一天给公司增加了35元的收益，可您却付给我们一人一天45元的工钱。这样一来，公司还亏了55元，这实际上很不划算。虽然担心告诉了您，我们有可能被辞退，可是凭良心讲，我还是要告诉您。"

没想到，老板竟哈哈大笑起来，说："好样的，小伙子，你过关了！捡钉子这笔账其实我也会算，我一直就等着你们过来告诉我。如果一个月后你们还不来找我,那你们将会被辞退。我正在物色一名监理员呢,像你这样一心为公司谋利益的人才是再合适不过了。"

一个月后,小张被任命为工地监理员,而小王只好另寻工作了。

有的人认为自己的单位实力雄厚,盈利能力很强,认为"家大业大,浪费点儿没啥"。有的人还认为"事不关己,高高挂起"。这些人缺少的不仅仅是节约成本的意识,更缺少对工作的责任心,这无形中将增加企业的开支,提高企业的运营成本。

每个人都要在各自的岗位上处处用心,坚持从我做起,从节约一滴水、一度电、一张纸、一升油做起,为单位精打细算,把节约落实到自己工作的每一个细节中。这些虽然看似微不足道,但是如果能够长期坚持,那么,节省费用的数目将会非常可观。

我们可以算这样一笔账:中午休息一小时,如果不关闭电脑主机和显示器,一台电脑耗电费用为金额0.16元。一家企业共有80台电脑,每天中午将浪费12.8元,一个月将浪费384元,全年将浪费4608元。如果每天按3小时计算,那么全年浪费的电费就是13824元。

无论公司的规模大小,都不能铺张浪费,平时要养成节约的好习惯。节俭不只是管理者的事,它还需要所有员工的共同努力。这应该成为每一个员工的一种工作态度,一种行为规范。

企业运营中每天都会发生日常开支,这部分费用往往由于金额较小,而不被员工所重视。但就是这些不起眼的小开支每天都在减少企业的利润。因此,每一位员工都应该在平凡的岗位上发挥自己的聪明才智,降低成本,创造出更大的效益。

小杨是酒店前厅的一位服务员,他的工作虽然对酒店的成本、效益起不了很大的作用，但他还是结合自己的工作岗位，想出了几条节约的小方法。例如：酒店整个大厅公共区域的灯饰和空调的开关都是由前厅控制的。小杨首先就在这上面做"文章"。在不影响正常工作的前提下，他会根据天气、季节、客流量等诸多方面的因素，灵活地控制开关。在为酒店节约了不少成本的同时，他也受到了公司的通报嘉奖，工资还上浮了一级。

企业与员工事实上是利益共同体，只有企业获利，员工的收益才有保障。即使你能力再强，可丝毫不把自己公司的利益放在心上，慷企业之慨，尽做一些损公肥私的事情，也很难被领导放心地委以重任。

当你把公司的利益时刻放在心上时，你就会自觉关心企业的成长、发展，考虑怎样为企业开源节流。你将懂得自己应该做什么，不应该做什么。

公私分明是原则

北宋时期，博州有位州官，为人极其廉洁。一天晚上，有人从京城送来一封上司的来信。他猜想这一定是朝廷有什么重要指示，马上命令公差点上蜡烛阅读。谁知读了一半，他又命令公差把官家的蜡烛吹灭，把自己买来的蜡烛点上，继续往下看。公差很纳闷儿，难道官家买的蜡烛不及他自己出钱买的蜡烛亮吗？后来才知道，那封信里有一小半是关于他留在京城家属的情况，他认为这是私事，不能点官家的蜡烛看。

为了半封家书，竟然换烛再读，这在许多人看来好像有几分"迂腐"，别说是用官烛看半封信，就是看一封信、多封信，也不会有人去计较。因为用根蜡烛不过是件再小不过的事了，可就是这样一件小事，州官却看得很重。可见在他的头脑中，"公"与"私"的界限是多么分明，这种公私分明的优秀品格是十分值得人们学习的。不占单位的小便宜，即便是一纸一笔，不是自己的，就不能动贪念。公是公，私是私，做到公私分明的人，才是领导喜爱并愿意重用的人。

有些人随意取用公家的东西，甚至带回家中，这虽然不是什么大问题，但是这点儿小事足以反映出做人的品格。一个人不管有多大才能，如果养成占单位小便宜的恶习，前途必然受到影响。虽然你已经很努力工作，并具有非常好的业绩，但是这些芝麻绿豆的小事足以影响领导及同事对你的好感，所以这将成为你前途的一大障碍。

也许有人想不通，拿单位一本稿纸、一支圆珠笔没有什么大不了的，这些东西公司有的是，拿几个用用也损害不了单位什么。有这种想法的人没有认识到，即使是一个很小的东西，很不值钱的东西，只要不是自己的，就不能占为己有。

虽然只是一张纸或一支笔，却足以说明你的职业品质的好与坏。有些人不乏能力，但在职场中的败北往往归咎于职业操守上。

不贪小利，你在老板眼中才是可信的。俗话说："贪小便宜吃大亏。"为了芝麻丢了西瓜，是不值得的，为了那些蝇头小利而失去前途，实在是不划算。

张先生在公司是个能人，刚工作两年就被上司提拔，坐到了副总经理的位置上。一次，公司派他出差到下属公司去，张先生很高兴。平常工作一向很忙，很少有机会出去。这次出差是代表总公司了解下属公司的业务经营情况，责任很重大，他也异常重视。

得知张先生要来，当地的下属公司早就做好了充足的准备来迎接这位"钦差大臣"。张先生一到，对方便以尽地主之谊为名拉着他在城市逛了个遍，然后才去了要视察的实际地点，而且文件资料也已一应俱全。张先生走马观花地履行了所有程序，公务便宣告结束。紧接着对方便将他接到五星级酒店用餐，各种生猛海鲜、飞禽走兽皆入口中。晚上，他便下榻于此了。

就这样连着几天，这位"钦差大臣"过得美满滋润，下属公司也是极尽奢华之举。

转眼间，公差已毕。下属公司为表"孝心"给了张先生一大堆礼物及土特产让他带回去。他也不客气，假意推辞一下便尽收囊中。

"拿人家手短，吃人家嘴软。"张先生回到公司后，在出差报告中对下属公司的表现是极尽美言。

公司是依据他的报告来评估并进行下一步的战略计划的。但张先生在报告中夸大其词，水分颇多，公司的计划在当地根本行不通。

老板大怒，经过调查，发现张先生在出差期间不仅没有认真工作，而且还收受"贿赂"，数额达万元。

张先生甚是迷惑，自己仅是拿了些礼品和土特产，哪里收受现金万元？原来下属公司见张先生要捅娄子，便落井下石，倒打一耙。这样，他面红耳赤，有口难辩，最终在公司里待不下去，自己辞职回家了。

张先生贪图小便宜，最终毁了自己。这样的例子在现实生活中并不少见。作为员工，贪图小利别不以为意，这关系到你的人格以及别人对你的看法，认为你是一个可以用小钱收买的人，甚至认为你不是一个可以信任依靠的人。有些人有贪图小利的习惯，因一时的贪念，而把自己最重要的人格、前途都断送了。

贪小便宜而导致因小失大的事，其实经常在我们周围上演。为了一些蝇头小利，短视近利乃至因此而不顾全大局，或者失去应有的格局与气度，这不但给企业的长期发展带来不良影响，更可悲的是自己也得不偿失。

坚守做人的原则

不能坚持自己原则的人，就好像墙上的无根草，随风飘摆不定，找不到自己的方向。这样的人，是得不到别人信任的，更谈不上成功。所以不要为了谋取小功小利而不择手段，甚至放弃自己的最后一项原则。一旦原则丧失，未来就只能任凭别人的摆布与欺骗。

国外某城市公开招聘市长助理，要求必须是男人。当然，这里所说的男人指的是精神上的男人，每一个应考的人都理解。

经过多番角逐，一部分人获得了参加最后一项"特殊的考试"的权利，这也是最关键的一项。那天，他们集合在市府大楼前，轮流去办公室应考，这最后一关的考官就是市长本人。

第一个男人进来，市长带他来到一个特别布置的房间，房间的地板上洒满了碎玻璃，尖锐锋利，望之令人心惊胆战。市长以威严的口气说道："脱下你的鞋子！将桌子上的一份登记表取出来，填好交给我！"男人毫不犹豫地将鞋子脱掉，踩着尖锐的碎玻璃取出登记表，并填好交给市长。他强忍着钻心的痛，依然镇定自若，表情泰然，静静地望着市长。市长指着大厅淡淡地说："你可以去那里等候了。"男人非常激动。

市长带着第二个男人来到另一间房间，房间的门紧紧关着。市长冷冷地说："里边有一张桌子，桌子上有一张登记表，你进去将表取出来填好交给我！"男人推门，门是锁着的。"用脑袋把门撞开！"市长命令道。

男人不由分说，低头便撞，一下、两下、三下……头破血流，门终于开了。男人取出登记表认真填好，交给了市长。市长说道："你可以去大厅等候了。"男人非常高兴。

就这样，一个接一个，那些身强体壮的男人都用意志和勇气证明了自己。市长表情有些凝重，他带最后一个男人来到最后一个房间，市长指着房间内一个瘦弱老人对男人说："他手里有一张登记表，去把它拿过来，填好交给我！不过他不会轻易给你的，你必须用铁拳将他打倒……"男人严肃的目光射向市长："为什么？""不为什么，这是命令！""我凭什么打人家？何况他是个老人！"

男人气愤地转身就走，却被市长叫住。市长将所有应考者集中在一起，告诉他们，只有最后一个男人过关了。

当那些伤筋动骨的人发现过关者竟然没有一点伤时，都惊愕地张大了嘴巴，纷纷表示不满。

市长说："你们都不是真正的男人。"

"为什么？"众人异口同声。

市长语重心长地说道："真正的男人懂得反抗，是敢于为正义和真理献身的人，他不会选择唯命是从，做出没有道理的牺牲。"

我们是不是应该从中感悟到点什么？人的成功离不开交往，交往离不开原则。只有坚持原则的人，才能赢得良好的声誉，他人也愿意与你建立长期稳定的交往。

坚持原则还使人们拥有了正直和正义的力量。这使你有能力去坚持你认为是正确的东西，在需要的时候义无反顾，并能公开反对你确认是错误的东西。

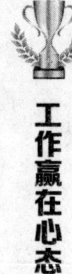

坚持原则还会给我们带来诸如友谊、信任、钦佩和尊重等。人类之所以充满希望，其原因之一就在于人们似乎对原则具有一种近于本能的识别能力，而且不可抗拒地被它所吸引。

几乎任何一件有价值的事，都包含着它自身不容违背的内涵，这些将使你成功做人，并以自己坚持原则为骄傲。每个人都应该这样：保持本色，坚守做人的原则，不忘我们做人之根本。这是我们在这个世上立足立身之基础所在。

第七章 转变观念，培养主人翁意识

身在职场，我们需要自问："我为谁工作？"不同的答案体现出不同的心态。心态良好的人，不管在哪里工作，都会把工作当成自己的事业，努力经营，用"为自己工作"的心态去做，我们就是工作的主人。

把工作当成自己的事业

在忙忙碌碌的职场生涯中，我们需要常常自问一下：我在为谁工作？我这样付出值不值得？

英特尔前总裁安迪·格鲁夫应邀对加州大学的伯克利分校毕业生发表演讲时，曾提出这样的建议："不管你在哪里工作，都别把自己当成员工，应该把工作当作自己的事业。事业生涯除了你自己之外，全天下没有人可以掌控，这是你自己的事业。你每天都必须和好几百万人竞争，不断提升自己的价值，增进自己的竞争优势以及学习新知识和适应环境，并且从转换工作以及产业当中虚心求教，学得新的事物，这样你才能够更上一层楼，并掌握新的技术。

"像老板一样思考"是想成为出色员工需要具备的黄金心态。但是，很多员工都有这样一种心态：我只是一名员工，只做与自己职责相关，并与自己所得薪水相称的那些工作。这样的心态定位，使他们只盯着自己分内的那些工作，而不想额外多干一点，甚至经常以老板苛刻为理由，连自己分内的工作都不努力去做，敷衍塞责，偷懒混日，被动地应付上司分派下来的工作。

结果几年过后，除了拿那点薪水外，毫无所获，甚至因态度不积极，自己的那份工作和薪水也保不住。假如把工作当成自己的事业来做，学会从领导的角度来看待工作，像老板一样对待自己所从事的工作，结果很可能会大大不同。

卡内基钢铁公司董事长齐瓦格说："我不光是在为老板打工，更不单纯为了赚钱，我是在为自己的梦想打工，为自己的远大前途打工。我只能在业绩中提升自己。我要使自己工作所产生的价值，远远超过所得的薪水，只有这样我才能得到重用，才能获得机遇！"以老板的心态工作，既是为了得到那份薪水，也是为自己独立创业准备条件。一位渴望在事业上有所发展的人，应该时刻提醒自己：要以老板的心态来工作。这样，不仅能把自己分内的工作干好，而且对自己的综合能力也将是一个很好的提升。

俗话说："大河有水小河满，大河无水小河干"。企业的发展与自己的利益息息相关，企业的利益就是自己利益的来源。因此，考虑公司的利益，实际上就是为自己的利益着想。

如果你想成为一名优秀的员工，就应该像老板一样思考。像老板一样思考，会让你站在老板的角度，去思考企业所面临的问题。这会大大地开阔你的视野，提高你的能力。毫不夸张地说，作为一名员工，只有当你真正地像老板一样思考的时候，才能深刻地体会到老板的过人之处，深刻地感受到创业的艰辛。只有像老板一样为企业、为单位的发展思考的人，才能成为优秀的员工。那时，你收获的不仅仅是薪水的增加、能力的增长，更重要的是你收获了一份事业。

全力以赴就能创造佳绩

一个猎人带着他的猎狗去打猎。在猎场，一只野兔跑过，猎人一箭射去，受伤的野兔落荒而逃。猎人命令猎狗马上追，猎狗奉命追去。一会儿，猎狗两手空空而归，猎人责备道："怎么搞的？连一只受伤的野兔都追不到？"猎狗一脸委屈地说："没办法，我已经尽力了，怪只怪野兔跑得太快。"猎人看了看气喘吁吁的猎狗，心想：也是啊，算了！猎狗受到批评，快快不乐地离去。再说野兔，它的同伴见它身受重伤居然能死里逃生，都过来祝贺："老兄，你可真行啊！伤成这个样子，竟然能在强大的猎狗面前逃生，好了不起啊。"野兔回答："我与猎狗怎么能比呢！猎狗追不上我，最多只被批评几句；我要是被猎狗追到，命就没有了，它只是尽力而为，而我却在竭尽全力呀！"

从这则故事中，我们可以看出，做事情起决定作用的并非能力，而是态度。不管一个人的能力如何，都要做到全心全意，全力以赴。否则，即使有天才的本事，也会留下遗憾。

在工作中，不乏能力出众的人。其中有些人则认为，单位的事情应该领导去操心，一个小职员管那么多干吗，纯粹是没事找事。再说，即使你用了心、费了力，领导也不一定知道。一个没有高度责任心的人是不会全力以赴工作的，明明能够做到，却有所保留，不能付出100%的努力。天天把能力挂在嘴上，但不能全力以赴的员工，工作就会"只开花不结果"。

世上没有不可能的事，关键是我们有没有全力以赴。当离成功只差一步的时候，能否最后成功就看你有没有用尽全力。对于工作，仅有努力还是不够的，必须倾全力。全力以赴，意味着挖掘潜能的极限，是挑战一个人能力的极限，是挑战生命的极限，而不是简单地完成任务。在工作中，要使出自己的全部力量，毫无保留，有多少力使多少力，不能满足于一般的工作表现。只有这样的人，才能做到最好。

不管工作报酬是高是低，我们都应该保持这种良好的工作作风。虽然我们永远不能做到完美无缺，但是在我们不断增强自己的力量、不断提升自己的时候，对自己要求的标准就会越来越高，我们也会离完美越来越近。

常听有些人慨叹着说："我的一生一无所获，事业一无所成。"人生最大的遗憾与折磨，莫过于此。由于疏懒懈怠造成的巨大缺憾，连自己也无法向自己交代。

不要抱怨说自己在工作上尽心尽力了，但还是没有得到领导的重视与重用。能否成为一个被重用的员工，除了是否具有人品和才华外，对工作是不是100%的投入，也是一个重要的条件。

不要以为把工作尽力完成就足够了，实际上还有更大的空间和潜力，你完全可以干得更出色。有十分才能，就不要出九分，只有全力以赴，你才能超越你的能力，达到更高的业绩线。

全力以赴的工作态度，是职场人士所应当而且必须具备的品质，它是创立最佳工作业绩的有力保障。如果你的能力一般，全力以赴可以让你走向更好；如果你十分优秀，全力以赴将把你带向更成功的领域。

不计较一时的利益得失，保持平和的心态，把自己岗位上的职责做到最好，才能在自己的领域出类拔萃，才能实现自己的人生价值。一个人工作时所具有的精神，不但会影响工作效率和质量，而且对其品格的

形成也大有影响。

要培养"为自己工作"的心态，尊重自己所做的每一项工作，即便是最普通的工作，也值得全力以赴，尽职尽责，认真地去做。小任务顺利完成，有利于你对大任务的成功把握。一步一个脚印地向上攀登，便不会轻易跌落，而获得成功的秘诀就蕴藏在其中。

按最高标准要求自己

在工作和生活中，我们常常会有这样的体会：没有高要求就没有高动力。我曾经问过很多优秀员工，为什么能够创造奇迹般的业绩？虽然答案各种各样，但是其中有一点非常相似：他们对自己都有着极高的要求。他们会努力把工作做到位，要求自己能够使顾客百分之百的满意，要求自己能够为公司创造真正的利益与价值。

泰国的东方饭店堪称亚洲饭店之最，几乎天天客满，如不提前一个月预订是很难有机会入住的，而且客人大都来自西方发达国家。东方饭店的经营如此成功，是他们有特别的优势吗？不是。是他们有新鲜独到的招数吗？也不是。那么，他们究竟靠什么获得骄人的业绩呢？要找到答案，不妨先来看一下一位姓王的老板入住东方饭店的经历。

王老板因生意经常去泰国，第一次下榻东方饭店就感觉很不错，第二次再入住时，楼层服务生恭敬地问道："王先生是要用早餐吗？"王老板很奇怪。反问："你怎么知道我姓王？"服务生说："我们饭店规定，晚上要背熟所有客人的姓名。"这令王老板大吃一惊，虽然他住过世界各地无数高级酒店，但这种情况还是第一次碰到。

王老板走进餐厅，服务小姐微笑着问："王先生还要老位子吗？"王老板的惊讶再次升级，心想尽管不是第一次在这里吃饭，但最近的一次也有一年多了，难道这里的服务小姐记忆力那么好？看到他惊讶的样子，服务小姐主动解释说："我刚刚查过电脑记录，您在去年的6月8

日在靠近第二个窗口的位子上用过早餐。"王老板听后高兴地说:"老位子!老位子!"小姐接着问:"老菜单,一个三明治,一杯咖啡,一个鸡蛋?"王老板已不再惊讶了,"老菜单,就要老菜单!"上餐时餐厅赠送了王老板一碟小菜,由于这种小菜他是第一次看到,就问:"这是什么?"服务生后退两步说:"这是我们特有的××小菜。"服务生为什么要先后退两步呢,他是怕自己说话时口水不小心落在客人的食品上。这种高标准的服务不要说在一般的饭店,就是在美国顶级的饭店里王老板都没有见过。

后来,王老板有很长一段时间没有再到泰国去。但在他生日的时候却突然收到了一封东方饭店发来的生日贺卡,并附了一封信。信上说东方饭店的全体员工十分想念他,希望能再次见到他。王老板当时感动得热泪盈眶,发誓再到泰国去,一定要住在"东方",并且推荐自己的朋友像他一样选择"东方"。

其实,东方饭店在经营上并没什么新招、高招、怪招,他们采取的都是惯用的传统办法,向顾客提供人性化的优质服务。只不过,在别人仅局限于达到规定的服务水准就停滞不前时,他们却进一步挖掘,按最高标准要求自己,抓住许多人未在意的不起眼的细节,坚持不懈地把最优质的服务延伸到方方面面,落实到点点滴滴,不遗余力地推向极致。由此,便轻而易举地赢得了顾客的心,天天爆满也就不奇怪了。

一个企业的经营需要高标准、严要求,个人在职场中也应该以最高的标准来要求自己,永远与最优秀的人站在一起,才能不断进步,最终成为最优秀的那一个。

坚持比别人多做一点点

一个成功的推销员曾用一句话总结他的经验:"你要想比别人优秀,就必须坚持每天比别人多访问五个客户。""坚持比别人多做一点点",这是无数成功者的秘诀。

对一名普通员工来说,"每天多做一点点"的工作态度能使你从竞争中脱颖而出。你的领导不会无视你的付出,会更关注你、信赖你,从而给你更多的机会。

吉尼斯世界纪录里有一位最顶尖的业务人员,连续11年在吉尼斯世界纪录里被称为世界上最伟大的推销员,他叫乔·吉拉德。

记者问乔·吉拉德,为什么能连续11年获得世界上最伟大推销员的头衔?乔·吉拉德笑着说,其实业务工作非常简单,只要每天比别人多努力一点点就可以了。记者追问,那怎样才能比别人多努力一点点呢?乔·吉拉德说,方法很简单,就是每天比别人早一个小时出来做事情,每天比同事多打一个电话,每天比同事多拜访一位顾客。

的确,成功非常简单,没有窍门,每天早一个小时出门,每天多打一个电话,每天多拜访一位顾客,这就是乔·吉拉德获得成功的秘诀。

美国著名出版商乔治·齐兹12岁时便到费城一家书店当营业员,他工作勤奋,而且常常积极主动地做一些分外之事。他说:"我并不仅仅只做我分内的工作,而是努力去做我力所能及的一切工作,并且是全心全意地去做。我想让我的老板承认,我是一个比他想象中更加

有用的人。"

有时,你不需要比别人多做许多,只需一点点,就可以从众人中脱颖而出。著名投资专家约翰·坦普尔顿通过大量的观察研究,得出一条很重要的真理:"多一盎司定律"。他指出,取得突出成就的人与取得中等成就的人几乎做了同样多的工作,他们所付出的努力差别很小——只是"多一盎司"。一盎司只相当于1/16磅。但是,就是这微不足道的一点点区别,却会让你的工作大不一样。

"多一盎司定律"可以运用到人类努力的每一个领域中。这一盎司把赢家跟一些入围者区别开来。篮球巨星迈克尔·乔丹说:"在朝气蓬勃的美国高中篮球队中,你会发现,那些多做了一点努力,多练习了一点的小伙子成为了球星,他们在赢得比赛中起到了关键性的作用。他们得到了球迷的支持和教练的青睐。而所有这些只是因为他们比队友多做了那么一点努力。"

在商业界、艺术界、体育界、政界,那些最知名的、最出类拔萃者与其他人的区别在哪里呢?答案就是多勤奋、多努力那么一点点。谁能使自己多加一盎司,谁就能取得最终的胜利。

多加一盎司,工作可能就大不一样。保质保量完成自己工作的人,是好的员工。但如果在自己的工作中再"多加一盎司",你就可能成为优秀的员工。主动在工作中"多加一盎司"的人,每天都在向人们证明自己更值得信赖,而且自己还具有更大的价值。

如今在每个公司,个人的工作内容相对比较固定,所以,当一个人已经完成了绝大部分的工作,付出了99%的努力后,再"多加一盎司"去把工作做到位其实并不难。可是,我们往往缺少的却是"多加一盎司"所需要的那一点点责任、一点点决心、一点点敬业的态度和自动自发的精神。

在工作中，获得成功的秘密就在于不遗余力——加上那一盎司。"多一盎司"有助于你最大程度地展现自己的工作态度，最高限度地发挥你的天赋，让自己在职场上不断升值。

第七章 转变观念，培养主人翁意识

尽职尽责才能把工作做到位

在一家皮毛销售公司，老板吩咐三个员工去做同一件事：去供货商那里调查一下皮毛的数量、价格和品质。

第一个员工五分钟后就回来了，他并没有亲自去调查，而是向下属打听了一下供货商的情况就回来汇报。30分钟后，第二个员工回来汇报。他亲自到供货商那里了解了皮毛的数量、价格和品质。第三个员工90分钟后才回来汇报，原来他不但亲自到供货商那里了解了皮毛的数量、价格和品质，而且根据公司的采购需求，将供货商那里最有价值的商品做了详细记录，并且和供货商的销售经理取得了联系。在返回途中，他还去了另外两家供货商那里了解皮毛的商业信息，将三家供货商的情况做了详细的比较，制定出了最佳购买方案。

第一个员工很显然只是在敷衍了事，草率应付；第二个充其量也只能算是被动听命；只有第三个员工是真正尽职尽责做事。简单地想一想，如果你是老板你会雇用哪一个？你会赏识哪一个？如果要加薪、提升，作为老板你愿意把机会留给谁？相信答案已在你心中。

事实上，各行各业都需要尽职尽责的员工，因为尽职尽责是把工作做到位的前提。如果在你的工作中没有了职责和理想，你的生活就会变得毫无意义。所以，不管你从事什么样的工作，平凡的也好，令人羡慕的也好，都应该尽心尽力，力求把它做到位。

在工作中，很多人都认为自己的工作已经做得不错了。但是，你真的已经发挥了自己最大的潜能了吗？你的工作真的已经做到位了吗？其实，每一个人都拥有自己难以估量的巨大潜能，假如我们都能够尽职尽责地去工作，我们就能够把自己身上的潜能最大限度地发挥出来，从而把工作做得尽善尽美。

18世纪的讽刺文学作家伏尔泰创作的悲剧《查伊尔》公演后，得到了观众很高的评价，许多行家也认为这是一部不可多得的成功之作。但伏尔泰本人对这一剧作却并不十分满意，他认为剧中对人物性格的刻画和故事情节的描写还有许多不足之处。因此，他拿起笔来一次又一次地反复修改，直到自己满意了才肯罢休。为此，伏尔泰还惹下了一段不大不小的风波。

经伏尔泰这样精心修改后，剧本确实一次比一次好，但是，演员们却非常厌烦，因为他每修改一次，演员们就要重新按修改本排练一次，这会让他们花费许多精力和时间。该剧的主要演员杜孚林气得拒绝和伏尔泰见面，不愿意接受伏尔泰重新修改后的剧本。这可把伏尔泰难为坏了，他不得不亲自上门把稿子塞进杜孚林住所的信箱里。然而，杜孚林还是不愿看他的修改稿。

有一天，伏尔泰得到一个消息，杜孚林要举行盛大宴会招待友人。于是，伏尔泰买了一个大馅饼和十二只山鹑，请人送到杜孚林的宴席上：杜孚林高兴地收下了。在朋友们的热烈掌声中，他叫人把礼物端到餐桌上用刀切开，当礼物切开时，所有的客人都大吃一惊，原来每一只山鹑的嘴里都塞满了纸。他们将纸展开一看，原来是伏尔泰修改的剧本。

杜孚林感到哭笑不得。他怒气冲冲地责备伏尔泰："你为什么要这

样做？"伏尔泰回答说："老兄，没有办法呀，不做到最好，我的饭碗就要砸了！"

"做到最好"，就是伏尔泰之所以成为文化巨人的秘诀。职场中没有捷径可走，你要想做好工作，就必须尽职尽责、付出百分之百的努力。也许你不是工作中能力最强的那一个，但你若总是想尽一切办法，尽职尽责地把自己的工作做到位，相信，你一定也可以取得事业上的成功。

坚定自己的人生信念

生活中，很多事情你越是想远离痛苦就越觉得痛苦，越是想要放弃或逃避越是逃脱不了：父母生活在社会的底层，不能做你强有力的靠山，还要你赚钱贴补家用；你没有过人的才华，不懂得为人处世的技巧，在办公室里，你要小心翼翼地做人，唯恐一时失言把别人得罪了；你没有漂亮的脸蛋、魔鬼的身材，走在人群当中，你不知道该用怎样的资本去高昂头颅，展露属于自己的那份自信……

其实，逆风的方向，更适合飞翔。"我不怕万神阻挡，只怕自己投降。"一个人无论面对怎样的环境，面对再大的困难，都不能放弃自己的信念，放弃对生活的热爱。很多时候，打败自己的不是外部环境，而是你自己。

只要一息尚存，我们就要追求、奋斗。那么，即便遭遇再大的困难，我们都一定能化解、克服，并于逆风之处扶摇直上，做到"人在低处也飞扬"。

现今，人们传颂着一个动人的小故事：

许多年前，一个妙龄少女来到东京酒店当服务员。这是她的第一份工作，因此她很激动，暗下决心：一定要好好干！可她没想到上司安排她洗厕所，洗厕所！实话实说没人爱干，何况她从未干过粗重的活儿，细皮嫩肉，喜爱洁净，干得了吗？她陷入了困惑、苦恼之中，也哭过鼻子。这时，她面临着人生的一大抉择：是继续干下去，还是另谋职业？继续干下去——太难了！另谋职业——知难而退？人生之路岂有退堂鼓可打？她不甘心就这样败下阵来，因为她曾下过决心：人生第一步一定要走好，马虎不得！

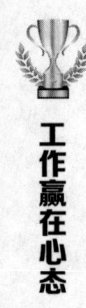

这时，同单位一位前辈及时地出现在她面前，他帮她摆脱了困惑、苦恼，帮她迈好这人生第一步，更重要的是帮她认清了人生路应该如何走。但他并没有用空洞理论去说教，而是亲自做给她看。

首先，他一遍遍地抹洗着马桶，直到抹洗得光洁如新；然后，他从马桶里盛了一杯水，一饮而尽喝了下去！竟然毫不勉强。实际行动胜过万语千言，他不用一言一语就告诉了少女一个极为朴素、极为简单的真理：光洁如新，要点在于"新"，新则不脏，因为不会有人认为新马桶脏，也因为马桶中的水是不脏的，是可以喝的；反过来讲，只有马桶中的水达到可以喝的洁净程度，才算是把马桶抹洗得"光洁如新"了，而这一点已被证明可以办得到。

同时，他送给她一个含蓄的、富有深意的微笑，送给她关注的、鼓励的目光。这已经够用了。她目瞪口呆、热泪盈眶、恍然大悟、如梦初醒！她痛下决心：

"就算一生洗厕所，也要做一名洗厕所最出色的人！"

从此，她成为一个全新的、振奋的人；从此，她的工作质量也达到了那位前辈的高水平，当然她也多次喝过马桶水，为了检验自己的自信心，为了证实自己的工作质量，也为了强化自己的敬业心。

坚定不移的人生信念，表现为她强烈的敬业心："就算一生洗厕所，也要做一名洗厕所最出色的人。"这一点就是她成功的奥秘之所在；这一点使她几十年来一直奋进在成功路上；这一点使她从卑微中逐渐崛起，直至拥有了成功的人生。

缺点并不可怕，平凡也不是闪光的坟墓。人生之中，无论我们处于何种在他人看来卑微的境地，我们都不必自暴自弃，只要我们能耐得住寂寞，心中有渴望崛起的信念，只要我们能坚定不移地笑对生活，那么，我们一定能为自己开创一个辉煌美好的未来！

第八章 卸下包袱，化压力为动力

在竞争激烈的社会中，有危机感、紧迫感是正常的。但是，一定要防止它们变成你的包袱，增加你的压力，妨碍你走向成功。我们需要一种积极心态，把压力化为动力，就是既要看到危机的临近，又不被危机吓倒，而是心平气和地面对压力，从容不迫地解决危机。

找准工作不称心的原因

在选择职业之前,你要问自己这样一句话:"最符合我兴趣的工作是什么?"如果你发现对自己的工作兴趣不大,那么你就应该认真研究一下问题的所在,只要能找出其中的原因,并迅速付诸积极的行动,就有可能踏上新的正确轨道。

在择业方面,有一句名言:"做你最适合的工作。"然而,我们却常常看到,一些有着不错学识和才智的人,因为所从事的职业与他们的才能不相配,久而久之竟使他们原有的才能和学识也失掉了。由此可见,一种不称心的职业,最容易消磨人的意志,浪费人的时间,让有才能的人变得平庸,无法把聪明才智发挥出来。

那些工作不称心的人,情绪大都容易出现一些异常反应。比如,由于职业理想与职业现实的尖锐冲突而造成内心的严重焦虑和烦躁不安,由于对目前所从事的职业感到不称心而产生心灰意冷、无精打采、失落沮丧、消沉冷漠、郁郁寡欢等情绪反应,严重的还会出现逆反、易激动等情绪反应。

在很多情况下,对职业感到不称心的人非但不能由此激发个人改变现状的勇气和毅力,反而会导致意志衰退,表现为对情绪和行为的自我控制能力减弱、自信心丧失、对一切懒于料理、活动减少、无所事事等。

产生职业不称心的原因主要有两个方面。一方面是职业理想与职业现实存在较大差距。职业理想是人的一种高级意识活动,是凭借想象、思维等心理机制而形成的一种稳定而持久的意向活动。任何职业理想，都带有一定的主观性，尤其是青年人由于缺乏对社会的足够了解，在构想自己的未来职业时，大多具有浓厚的浪漫色彩，极富想象；而现实与理想总是会存在一定的差距，这就使得许多人的职业理想一时无法实现，造成他们渴望成功、尽早实现自我理想和抱负的愿望受挫，从而心灰意冷，失望苦闷。

另一方面是由于"饱和心理"在作怪。"饱和心理"表现在职业生活上，就是刚刚从事某项工作时，热情焕发、满怀壮志，处处感到新鲜有趣，但时间一久就会感到乏味、没意思，自觉或不自觉地移情到其他新异的职业岗位上去，从而破坏了以往形成的职业心理平衡，对本职工作产生厌倦情绪，工作责任心减退，职业意志力降低。"饱和心理"是一种不健康的心理，青年人在刚刚进入职业生活时，通常都会犯这样的毛病，感到自己所从事的职业不称心。他的神色、举止和态度中无不流露出厌倦和疲劳，他们脸上没有笑容，说话走路做事都是懒散无力，打不起一点精神来。

那么，该如何调适职业不称心的心理呢？有下面几种方法可以选择：

（一）改变认知

通过改变认知的方法来平衡倾斜的心理，消除厌倦、烦躁的情绪，抑制各种不良的心境，进而激发自己的职业热情，增强职业的自信心和职业荣誉感。

改变认知的方法有很多，比如站在他人的立场上思考、认识自己所面临的"职业不称心"问题。这种方法将有助于打破自我中心意识和个人封闭式思维，有助于进行客观准确的自我认知，有助于全面地认识和了解自己所从事工作的价值，促使自己不断地矫正个人的职业理想，抛弃其中的不现实成分，激发从事本职工作的强烈动机和浓厚兴趣，变"不称心"为"称心"。

（二）立足本职，发掘新意，升华职业动机

一般来说，不管什么样的工作都有其单调之处，这是因为每一种职业都有其固定的形式和内容。但是，不论什么工作又都有其无穷无尽的新颖之处。在工作中，应该不断地学习、思考、探索，善于从平凡的工作内容中发现闪光点，从司空见惯中发掘新意。要将工作就是为了谋生这种单一低级的职业动机升华为高级的职业动机：既为眼前，又为将来，同时也为社会和他人；既有远大的抱负，又有具体的奋斗目标。这样才会带来动机的满足、心理上的愉快，使自己对所从事的工作保持长久不衰的热情。

（三）重新选择职业

如果以上两种方法仍不能减轻或消除职业不称心的心理困惑，而且现实中主客观条件又都具备，那么可以考虑用直接调动工作或辞职跳槽的办法更换一个让自己满意的工作。

我们做事时必须有远大的志向，才会聚精会神、全力以赴地去做。有时候人生就是这么奇怪，只要你选择了自己喜欢的职业，你就会变得精力充沛起来。世上没有什么比不称心的职业更能摧残人的希望、践踏人的自尊、使人丧失内在力量的了。

走出职业危机感的误区

在计划经济时代，工作由国家分配，不大会产生职业危机感，但在市场经济时代却大不一样了。虽然社会中机遇很多，但是竞争也很激烈，人们在能够自由选择职业和岗位的同时，也会遭遇竞争带来的失业，即遇到职业危机。

随着社会的不断发展进步，竞争激烈、压力加大在所难免。即使已经很努力地工作了，但是忧虑、烦恼、沮丧仍然伴随着不少看上去风光无限的职场人士。据对2100名职场人士的调查显示，有85%的人认为自己缺乏职业安全感。究其原因，有的是所处行业普遍的竞争危机，也有个人的职业发展受限制等。一个社会85%的人出现职业危机，是会带来许多负面影响的。端"铁饭碗"的年代，大家都有稳定的工作，安全感很强，没有职业危机，但往往滋生惰性和平庸。现在竞争激烈，效率大幅提高了，可在职人员却感到了越来越大的压力，并出现了不同程度的心理疾病。

职场竞争是激烈的，不管你何等优秀、业绩何等突出，面对蜂拥而至的职场新人和多变的职业环境，都很难情绪稳定。职业危机可能因人、因时间、因环境而异，但对大多数人来说，以下四个阶段最可能产生职业危机。

第一阶段：定位危机。定位危机发生在刚从学校毕业时期。大多数毕业生面对眼花缭乱的职业和岗位，在感到"外面的世界很精彩"的同时，

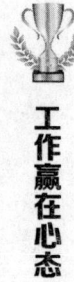

会迷失方向，不知道如何选择。

第二阶段：升职就业危机。这种危机可能产生在工作了 5～7 年以后，也就是在 30 岁左右。中国人从来就有"三十而立"的说法，这一时段的职业生涯除了少数人能如愿以偿升职高就外，大部分人并不能"万事如意"。如果不能正确地处理这时的危机，就可能会用不正确的方法来发泄自己的失意。

第三阶段：方向危机。照中国人的说法，应当是"四十不惑"，而 40 岁左右恰恰是职业生涯的第三个危机时段，我们称为继续前进的"方向危机"。因为到了 40 岁，或者你已经担任了一定级别的领导职务，或者你已是这一行的"老法师"，这个时候，再往哪里前进，往往会因方向不明而感到困惑，于是便产生了所谓中年改行转业等问题。

第四阶段：饭碗危机。过了 50 岁，进入"知天命"的年龄，人也更加成熟。但市场经济并不会给老年人的职业生涯以特别的恩惠。这个时间段，最让人担忧的可能是自己的饭碗，这不仅仅指的是普通岗位上的老百姓，也涉及身在高位的领导者。这个时期，绝不可有得过且过混日子的想法，应当保持不断进取的精神状态。否则，真的可能会丢掉饭碗。

"江山代有才人出，各领风骚数百年。"也许你也曾经才华横溢，笑傲职场，但是随着时代的前进，后来者常常能居上，于是很多人便产生了职业危机感。在竞争激烈的社会中，有危机感是正常的，也是好事。因为它能促使你不断学习，不断提高自己。但是，也不要过度地恐惧被"炒鱿鱼"，只有走出这种误区，才能稳定工作情绪。

那么，应该如何调适自己的职业危机感呢？

（一）加强与职场新人的沟通磨合

对于一名"职场老人"来说，应该主动与新人沟通磨合，这样可以给对方留下平易近人、好相处的良好印象，从而很快地融入他们的精神团队。职场新人时刻都会走在社会潮流的前沿，如果这些"职场老人"不主动与他们融洽交流，就等于把自己推进了落伍的旋涡。

（二）不断提高自己

一个人如果要谋求长久的发展，要想摆脱职业危机，就必须提高自己的核心竞争力，不断学习，不断创新。总而言之，时刻吸纳新的知识养分，用于滋养职业生命，即便是危机来临也会转危为安。

（三）与不安全感和睦相处

职场安全感的缺失，就像是提心吊胆、疲惫的旅行，每天忙忙碌碌地奔波，却总是担心意外的事件发生，脑海里充斥着各种各样的坏消息，这对人的心理健康以及职业发展都是非常不利的。因此，在缺乏职业安全感的时候，应强迫自己看清楚最坏的可能局面并勇敢地接受，与不安全感和睦相处。

在机遇与挑战并存的时代，我们在利用大量机遇走向成功的同时，也面临着激烈竞争带来的挑战，从而会不同程度地出现职业危机感。面对职业危机，一方面要接纳现实、不断提高自己，因为能力和经验才是永远的财富；另一方面也不可过分有危机感，它反而会影响工作，只要努力工作、问心无愧即可走出心理危机的误区。

不做危害身心健康的"工作狂"

"工作狂"指的是那些从身体和思想上都对工作"上瘾"的人。"工作狂"心理不仅对自己的身心健康危害很大,而且对工作也没有多大益处。

工作狂已经被视为一种强迫症行为。在日本,因工作过度劳累,每年会夺走近千人的生命,我们称这种现象为"过劳死"。在欧洲,压力和与压力相关的疾病,已经成为职业健康和安全问题专家需要面对的最大课题之一。荷兰学者甚至已经诊断出这样一种综合征,即工作狂们在清闲时会有很高的心理压力指数。他们称,约有3%的人可能会受到这种"休闲疾病"的影响。

那些经常挑灯夜战的人会得到升迁和奖励,那些工作、家庭两不误的职业母亲会受到人们的赞赏。我们就是生活在这样一种工作狂文化中,工作狂也许是唯一一种不带耻辱色彩的上瘾行为。

不过,大多数努力工作的人也知道怎么努力地玩,知道如何放松。而工作狂可不这样,他们是有意去寻求忙碌的生活方式。他们喜欢赶时间,喜欢兴奋和刺激,喜欢疯狂地忙碌。对工作狂们来说,工作就是一切。他们的座右铭很可能是"我工作,我存在"。但是就像所有使人上瘾的东西一样,工作瘾也会变得越来越严重且具有破坏性,最终常常需要响亮的警钟才让人清醒。

工作狂们不见得是优秀的工作者。他们常常是糟糕的管理者,因为他们不会把具体的事情交给别人去做。他们会批评同事不愿像他们那样长时间工作，从而破坏团队的士气。鲁滨逊是北卡罗莱纳大学的一名心理医生和咨询、特殊教育及儿童发展学的教授。他自己也曾是个工作狂。他说，他以前会把工作藏在假期里做，就像酒鬼把酒瓶藏起来一样。

工作狂们除了工作以外没有生活，没有朋友，很少顾及家庭，当然也没有休闲活动。鲁滨逊说："他们很难与人沟通，对人没有感情。他们觉得工作比其他事情容易得多。他们在工作时才具有安全感，而到了社会生活中，他们是一无是处。"有专家认为，这种现象是由两个因素引起的：一是工作没有安全感；二是长时间工作这种文化。"在发展中国家，人们为了生存，工作时间很长。"

美国前总统罗纳德·里根说过："卖力工作的确不会让人马上断送性命，但是我想说的是，为什么非要冒这个险呢？"不发生灾难性的后果，工作狂是很少关注自己的健康的，不是因为他们不得不工作，而是因为他们感到自己需要工作，从而把时间都用在工作上，牺牲了健康，疏远了家人。

那么，对于工作狂来说应该如何调适自己的心理呢？一般来说有以下几种方法：

（一）享受生活瞬间的乐趣

工作狂应当学会如何享受偷懒所带来的乐趣。刚开始的时候要留意一下身边所发生的事情，例如，如何使一个孩子在起步阶段提高素质，太阳是怎样越过地平线落下山头的，或者试着比平常多一些时间宠爱个小动物等。看电视的时候应有意识地让自己什么也不干，学会忽视一些事情的方法。

（二）忘记最喜欢的习语

在工作的时候，忘记经常挂在嘴边的习惯性话语，比如"我之所以不停地做事，全是为了孩子、妻子以及父母生活得更好"等。另外，在工作之前，工作狂不妨先想想工作是为了什么，或者长时间工作会使家庭关系破裂等生活不幸，然后问问自己哪一种选择值得如此付出。与此同时，权衡一下自己为之奋斗的目标与家庭的关系。

（三）学会倾诉

在心情不好的时候，要学会向家人或朋友倾诉，不要把郁闷发泄到疯狂工作上。

"工作狂"往往并不是真的热爱自己的工作，他们一般很难从工作中得到快乐，只是借助拼命工作求得某种"心理解脱"。但相比之下，"工作热情高"的人却是十分热爱自己的工作，他们能从工作中获得巨大的乐趣，如出现失误的时候，既不会怨天尤人，也不会懊恼不已。同时，在工作中他们也注意与同事和上司的协调、配合，因而人际关系相对融洽。因此，可以审视自己是不是真正的"工作狂"，进而采取适当的调整方法。

凡事不要总往坏的方面想

有些人在工作中提不起精神，什么事都懒得去做，也不愿与人沟通，更不知道自己该干什么，这往往是心情忧郁的表现。忧郁是一种慢性的低度沮丧情绪，一个人若被忧郁感所控制，其精神生活将会受到严重的束缚，聪明才智和创造力也会因此受到影响而无法正常发挥作用。所以，忧郁是害人的毒药，甚至是杀人的利器。一旦它困扰着你，你在工作中就很难快乐起来。

月有阴晴圆缺，人有悲欢离合。一个人有快乐的时候，当然也会有不快乐甚至痛苦的时候。面对忧郁，比较积极的做法是改变看事情的角度。譬如，面对下岗、失业，很容易让人陷入自怜的情绪，以致越来越绝望。但是，你也可以退一步想想，这也许是重新定位自己职业生涯的好时机。总而言之，换个角度看看自己所失去的东西，是治疗悲伤的良方。

因此，当你感到沮丧、气馁或绝望时不要计较，不妨痛快淋漓地洗个澡，然后一个人静静地思索、顿悟，驱散萦绕在你头脑里的忧郁阴云。

张帆在一家大公司里任职，34岁时已经做到了部门经理助理的职位。一天，公司总经理突然叫他到办公室，宣布调他到异地的分公司去任职。

总经理半真半假地对他说："如果不是因为你这样有能力，我们是不会派你到下边去助阵的，希望以后那边的工作效率能因你而提高，能多为总公司创一些效益。"这些话在张帆听来，简直如同宣判了死刑一样。

他心想："我在这里的工作刚刚有了一点起色，自己刚刚建立了一

点自信心，和上级以及下属之间也还相处得不错，现在却突然被调动职位，是否我在工作上有些失误？或者是我不知不觉做了令上级厌恶的事，还是有人在背后告'黑状'？现在要我离开妻子儿女，在异地不知要待几年，家庭关系能否保持现状……"

他越想越多，越想越怕，心里充满了焦虑不安和沮丧。但是拒绝调动，又会有什么后果呢？说不定因此会被调到更远的地方去，甚至会被"炒鱿鱼"，公司最近裁员裁得很厉害。因为这个问题，张帆茶不思、饭不想，一下子憔悴了许多，已经苦恼到迷乱的程度。但实际上，事情很可能并没有他想的那样恐怖，许多问题都是凭空"捏造"出来的，因此张帆的担心简直就是自寻烦恼，自找麻烦。

人们总是善于寻愁觅恨，也会为几乎不可能发生的事操心。比如为几乎不可能得的病、几乎不可能发生的变故、几乎不可能发生的事情而烦恼。如果看看我们所焦虑的事中实际上可能发生的概率，就不会那么杞人忧天了。所以，凡事不要总是往坏的方面想，每天注意自己情绪的变化，引起沮丧的原因绝大部分可能是由于自己主观臆断造成的。

我们应当尽早抹掉头脑里一切令人讨厌的、不健康的情绪。每天清晨起来，我们都应该是一个全新的人；我们要学着从心灵深处抹去一切混乱的印象，取而代之的是和谐、开朗的情绪。

遭遇挫折要善于自我调节

古人说过："人生逆境，十之八九。"在现实生活中，也确实难以事事如意，挫折总是伴随着人们：小到无端遭人讥讽、受到批评、夫妻拌嘴，大到高考落榜、恋爱失败、婚姻破裂、事业挫折等。其实，遭受挫折并不可怕，关键是用积极的心态去自我调节，从消极的心理中解脱。

在工作中如果遇到了挫折，如果你认为自己被打倒了，那么你就是真正地被打倒了，如果你认为自己仍屹立不倒，那你就真的屹立不倒，如果你想赢，但又认为自己没有实力，那你一定不会赢，如果你认为自己会失败，那你必败无疑。如果你自惭形秽，那你就不会成为一个强者。

科学研究表明，世界上的跳高冠军是跳蚤。跳蚤跳起来的高度一般都是跳蚤身高的 100 倍以上，因此跳蚤被称为世界上跳得最高的动物！

科学家用跳蚤进行试验。他们在跳蚤的上方罩上一个玻璃罩，然后拍桌子使跳蚤跳动。跳蚤第一次起跳碰到了玻璃罩。连续多次以后，跳蚤调整了自己能够跳起的高度来适应新的环境，此后每次跳起的高度总保持在罩顶以下。科学家们逐渐降低玻璃罩的高度，经过数次碰壁之后跳蚤又主动调整了高度。最后，玻璃罩接近桌面，跳蚤无法再跳了，只好在桌子上爬行。经过一段时间，科学家把玻璃罩拿走了，再拍桌子，跳蚤仍然不会跳，跳蚤变成"爬虫"了。科学家认为，这不是因为它们失去了跳跃的能力，而是在一次次遭受挫折之后，学乖了、习惯了，最后麻木了！

最可悲的是，虽然玻璃罩已经不存在，跳蚤却连"再试一次"的勇

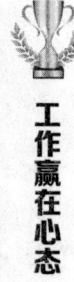

气都没有。玻璃罩的限制已经深深地刻在它那十分有限的潜意识里。而实际上，它不是没有跳高的能力，而是没有跳高的勇气。

跳蚤是这样，人往往也是如此。很多人的经历与"跳蚤实验"极为相似。有的人就因为自己曾经受到挫折，在工作中害怕承担责任、不思进取、不敢拼搏，他们对失败习以为常，逐渐丧失了信心和勇气。

人的一生当中会遇到许多意想不到的困难，坚强的人总是表现出极大的忍耐力。一个意志坚强的人也会碰到艰难困苦，但他绝不会因此而一蹶不振，而是盯住目标，勇往直前。只要有坚强的意志，一个庸俗平凡的人也会有成功的一天；否则，即使是一个才华横溢的人，也只能接受失败的命运。当一切都已远离、一切宣告失败时，忍耐力总可以坚守阵地，依靠忍耐力，许多原本已经无望的事情都可以起死回生。

失败是成功之母。许多人之所以获得最后的胜利，是受惠于他们的屡败屡战。一个没有遭遇过失败的人，根本不知道什么是胜利。事实上，只有失败才能给勇敢者以果断和决心，只有在逆境中能够坚持到底的人才是最后的成功者。

成功者在面对种种失败时，从不介意。无论有多么失望，绝不失去信念。在狂风暴雨的袭击中，他们不像心灵脆弱者那样坐以待毙，而是仍旧充满自信。因此他们能够克服很多困难，去获得成功。

在你最困难的时候，一定不要有向后转的念头，更不要绝望，要坚强地坚持下去，坚持到底就是胜利。记住：到底发生了什么事并不重要，重要的是你如何看待发生在自己身上的事。

心累时要学会释怀

在这个世界上，每一个鲜活的生命都要经历艰难困苦，没有哪个生命体可以毫无负担地生活一辈子。一条鱼为了产卵，要跋涉千万里，一路小心翼翼躲避天敌，然后逆流而上，用弱小的身躯搏击湍急的激流；一束繁花要历经风吹雨打，在短暂的韶光里灿然怒放，然后迅速凋零，华丽谢幕。人生亦然，既要经历生老病死的考验，又要品尝生活中的酸甜苦辣，活着本身已有诸多不易，所以无论遭遇什么，都不要耿耿于怀，要学会释怀。

做人要沉得住气，要以轻松的姿态面对各种事端。不必在乎别人的脸色，不必把他人的冷言冷语放在心上，不必在乎任何与事实不符的评论，不要让任何人任何事搅乱了你宁和的心境。生活中，我们常听人抱怨说，生活有多苦，生存本身不容易，又要面对各种纷争和纠葛，受累受气受委屈。为此耿耿于怀，哀叹连连，每每想起不快的往事，都会义愤填膺或哀伤不已，整个人都变得异常阴郁。其实大可不必如此。你要相信，掌控你心情的不是某个人某件事，而是你自己。只要你对人对事不那么计较，不去刻意夸大生活的苦难，人生并不会像你想象中的那么不堪。

小韩在一家中小型工厂做文员，主要负责整理资料和制作表格，工作内容虽然很简单，没有太高技术含量，但非常琐碎和繁杂，要做好这

份工作并不容易。有一次,她刚把做好的表格发给经理,就受到了奚落:"表格怎么画的?那么乱,根本没法看。数据密密麻麻,像没破译的情报密码一样,你这是在故意考验我的眼神吗?"小韩低声解释说:"字体我已经刻意放大了,表格数据太过庞大,我也不知道该怎么处理好。""你不知道该怎么处理,难道这种事情要我代你做吗?你有没有弄清自己的岗位职责,要是什么事情都得让我指点你处理的话,那公司还有必要配备文员吗?今天你必须把表格画好,我正急着用呢,画不完就自动留下来加班,什么时候把工作做完,什么时候再回去。"经理发话道。

小韩没再说什么,老老实实地坐下来画表格。她尝试了好多种方法来简化表格,可是不管怎么做,页面看起来都不干净。天很快黑下来,已经过了吃晚餐的时间,小韩饿着肚子苦思冥想,终于在晚上十点之前,把表格画好了。她急急忙忙冲出了办公室,一路小跑着赶到了公交站牌附近,气喘吁吁地站定以后,眼睁睁地看着一辆公交车从自己面前疾驰而过。小韩心想:这下可糟了怕是赶不上末班的地铁了。

等了很长时间,终于等来了下一辆公交车。自从进入车厢以后,小韩频频看表,紧张得不得了。下了公交车,她直奔地铁站,结果还是错过了最后一班地铁。看来晚上是回不去了,小韩一点准备也没有,口袋里只剩下二十块钱,既不够打车钱,也不够住旅店的钱。一时间不知道该怎么办好,小韩急得哭了起来。不知过了多久,她哭累了,这才发觉肚子饿得难受,于是随便在地摊上买了一点小吃来充饥。

小韩漫无目的地在街上走着,偶然间瞥见了一家网吧,决定到网吧过夜。她在网吧熬了一个晚上，第二天照常上班。由于睡眠不足，上午连连打哈欠。"不会吧，你为了这么简单的一张表格熬通宵？工作能力也太差了吧。"经理不满地说。小韩没有吭声，继续埋头工作。过了一会儿，同事小欧拿来一大叠文件，要求她马上复印。小韩二话没说，就开始复印文件。其间小欧催促了无数次："还没有复印好？你干活的速度也太慢了点，等你复印完，黄花菜都凉了。"小韩一听，顿时不高兴了，心想被领导奚落也就算了，平级的同事有什么资格奚落她，于是便毫不客气地回敬道："复印东西主要取决于机器的速度，而不是取决于我的速度，你嫌慢，就把复印机升级换代吧，轻轻按一下按钮，成百上千份文件马上印好。"

"你这是什么态度？"小欧把复印好的文件啪地一声摔在办公桌上，"你不就是一个小小的文员吗？有什么了不起的。像你这样的人市场上一抓一大把，随时都能被替换，也不掂量掂量自己的分量，乱耍什么威风。""你——"小韩被呛得半天说不出话来，心里难受得无以复加。她不明白自己为什么要活得这么累，每天至少花三个小时通勤往返，工作时间忙得团团转，经常受领导批评、同事挤兑，一个月到头只能领取区区四千元工资，扣除吃饭住宿等费用，几乎所剩无几。如果可以选择的话，她宁愿漂流到荒岛上，做个鲁滨逊式的人物，也不愿继续在复杂的人世间苦挨。

我们常为一些人、一些事愁肠百结、唏嘘喟叹，久久无法释怀，这样做无异于在苦咖啡里添加黄连，让自己苦上加苦。其实心情的好与坏并不取决于外界，而是取决于你对人对事的看法，学会释怀，学

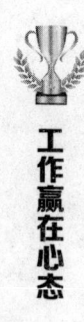

会沉淀痛苦和烦恼,时时放空心灵,方能活出轻盈的姿态。生活再苦再难,也要继续向前。心累的时候,对自己恬然一笑,拍拍身上的灰尘,抖掉一身疲倦,把该看淡的全部看淡,你会发现,想要快乐,其实并没有那么难。

第九章 确立目标，有计划地工作

在工作中，根据工作目标，把所有需要处理的事情根据轻重缓急排一个顺序，只要按计划行事，就可以在工作中忙而不乱，顺利完成工作任务。养成这样一个良好习惯，会使你每做一件事，就向你的目标近一步。

有大目标才会取得大成功

一个人之所以伟大,首先是因为他有伟大的目标。伟大的目标可以产生伟大的动力,伟大的动力促成伟大的行动,伟大的行动必然会成就伟大的事业。所以说,只有拥有一个远大的目标,我们才能够高瞻远瞩,取得伟大的成功。

一个不想当元帅的士兵,不仅永远不可能当上元帅,甚至不能成为一个好士兵。一个伟大的目标将充分发掘你身上无穷的潜力。正如高尔基所说:"目标越远大,人的进步越大。"没有大目标的人就如井底之蛙一般没有远见,只会待在自己的一井之底。

有大目标的人,既不会为眼前小小的成功所陶醉,也不会被暂时的挫折而吓倒。他们明白,在实现目标的过程中,肯定有艰难险阻,假如轻而易举就能排除,只能说明自己的目标定得太低。你要一个一个地、脚踏实地地处理前进道路上的障碍,终有一天,你会到达目的地。

倘若你没有大目标,你很可能津津乐道于眼前的利益。追求小目标只会使你鼠目寸光。如果你只追求小目标,就会发现,原来只是空耗自己的青春,到了晚年才发现两手空空。

有这样一则寓言故事:

一家磨坊里有一匹马和一头驴子。它们是好朋友,经常在一起谈心。马的工作是在外面拉车,驴子的工作是在屋里拉磨。后来,这匹马被玄奘大师选中，驮着唐僧去天竺国大雷音寺取三藏真经。

多年后，这匹马跟着唐僧经历了千辛万苦，驮着佛经回到长安。唐僧受到重赏，而马不是人，不可能受赏，所以又回老地方重操旧业。

朋友见面，马跟驴子谈起了旅途中的经历。驴子听马讲了很多故事：浩瀚无边的沙漠、高入云霄的峻岭、火焰山的热浪、流沙河的黑水……神话般的故事，让驴子大为惊异！

驴子惊叹说："马大哥，你的知识真丰富呀！那么遥远的路程，那么神奇的景色，我连想都不敢想。"

马说："我们走过的路程是差不多的。"

驴子不理解："哪里？我的确一点儿见识都没有长！"

马说："你想，我往西不断走的时候，你不是一天也没有停止拉磨吗？不同的是，我同玄奘大师有一个遥远而明确的目标，始终按照既定的方向前进，所以我们开了眼界；而你却被人蒙住了眼睛，一直围着磨盘打转，所以走不出这个狭隘的天地。"

生活中没有大目标的人，最容易随波逐流。世界上最贫穷的人并非身无分文的人，而是没有大目标的人。只有看到别人看不见的事物，才能做到别人做不到的事情。我们每个人来到世上，就是希望快乐地生活，实现自己的理想。如果我们追求的是大目标，我们就不会满足于现状，而是奋斗不息，追求不止。

拥有明确的大目标，将大大简化为了成功而努力做众多决定的过程。在此，建议你按照下面的方法为自己制定一个明确的大目标：

首先，明确自己为什么要设定这一目标。

在设定目标的同时，首先找出设定这些目标的理由。当你十分清楚地知道实现目标的好处时，便会马上设定时限来规范自己。

其次，设定实现各阶段目标的时限。

时限会对行动起到催化作用。如果没有时限来约束自己的话，很难明确在实现目标的过程中处于哪一个阶段。因此，当明确目标之后，就要设定明确的时限。

再次，列出实现目标所需要的条件。

若不知实现该目标所需的条件，则会令你不知如何着手。而明确知道实现目标所需的条件后，就能按部就班地用心执行了。

最后，将目标作为你奋斗的动力。

目标能使你看到奋斗的希望，从而强化你的自信心。经过心底强化后的向往已经融入你的梦想之中。当这种向往积累到一定程度，自然会激发你的无限潜能，提升执行力。

为自己勾画一个蓝图

有目标的人就像展翅欲飞的鸟儿，能搏击长空。给自己一个目标，就是给自己一对翅膀，不仅能增强信心，而且也会带来乐趣——当目标实现时，那份快乐是无法形容的。

激励人们前进的是目标和希望。人类正是存有各种各样的目标，才发展到了今天。人们想日行千里，才有了汽车、火车；人们想像鸟儿一样飞上天空，才有了飞机；人们想到月亮上看看，才有了宇宙飞船。

世界公认的成功的定义，就是逐步实现一个有意义的既定目标。哈佛大学曾做过一个有关"幸福体验"的调查，结果发现，凡幸福者的共同之处并不在于他们事先估想的金钱、健康、情感和地位……而是在于心中明确地知道自己的生活目标，体会到自身在迈向目标时的喜悦感受。究其原因，"目标"可以带给一个人拼搏进取的坚定信念，而"幸福"恰恰是在这种信念驱使下出现的。

在工作中，你必须把职业规划和工作目标深植心中。世界上懒惰的人，都是没有明确目标的人。一个在工作中没有明确目标的人是极其可悲的。一些条件良好的人，人生却是失败的，经研究发现，这些人失败的原因就是没有目标，而每个成功人士都有自身明确的职业目标。

耶鲁大学曾经对一批学生进行了一次有关人生目标的调查。当被问及是否有清楚明确的目标以及达成目标的计划时，只有3%的学生给了肯定的回答。20年后，有关人员又对这些毕业多年的学生进行跟踪调查，结果发现，那些有明确目标计划的3%的学生，事业远优于其他97%的学生。为自身设定明确的人生目标，这就是成功者的秘密。

从约翰·戈达尔的故事中，我们会进一步发现制定一个目标是多么重要！

当约翰·戈达尔还是美国洛杉矶郊区一个没有见过世面的15岁孩子时，他拟了一个表格，上面列着他一生的志愿："到尼罗河、亚马逊河和刚果河探险；登上珠穆朗玛峰；驾驭骆驼、鸵鸟和野马；探访马可·波罗和亚历山大一世走过的路；主演一部电影；驾驶一次飞机；读完莎士比亚、柏拉图和亚里士多德的著作；谱一部乐谱；写一本书；游览全世界的每一个国家；结婚生子；参观月球……"他把每一个愿望都编了号，一共有127个目标。当他把目标庄严地写在纸上之后，他就开始循序渐进地实现。

从16岁起，他按计划逐个实现自己的目标。49岁时，他已经完成了127个目标中的106个，还获得了一个探险家所能享有的荣誉。

如今，约翰·戈达尔生活得很快乐，很充实。他正在想方设法去实现"参观月球"等余下的目标。

可见，有了目标，人生就变得充满意义，一切似乎清晰、明朗地摆在你的面前。什么是应当去做的，什么是不应当去做的，为什么而做，为谁而做，所有的要素都是那么明显而清晰。

拿破仑说："希望成功，就必须确立一个明确的目标。"一个人只有先有目标，才有前进的方向，才有成功的希望，才能感受到成功的喜悦。要改变自己的生活，必须从培养期望做起，但只有强烈的期望还不够，还得把这种期望变成一个目标。也就是说，你应该用想象力在头脑里把目标绘成一幅直观的图画，直到它完完全全成为现实。那么如何制定自己的目标呢？

一是要确定起跑线。

找到你现在所处的位置，结合你的实际，问问自己，今后想干什么，想成为什么样的人，并把它定为你的目标。

二是目标不能虚无缥缈，也不能太大。

这个目标是你要努力去实现的，如果不能实现，你就会对自己产生怀疑，甚至产生失败感。

通过这些步骤，你便可以描绘一幅切实可行的工作蓝图了。有了它，你更容易走向成功。

找到自己的天赋和目标

丧失了自己的天赋，是很多人无法取得成就的重要原因之一。在这个世界上，有很多初入社会的人，由于对自己认识不够，定位不准，急功近利，而成为一个普通人，这不能不说是一个遗憾。

发挥自己的天赋的过程，从根本上说，是一个"认识自己兴趣所在"的过程。人一生下来就是独特的，与众不同的。所以你的个性是客观存在的，你很难改变它，而最好是去认识并发挥它。无论你最终是工人、农民、军人、艺术家、医生、企业家，还是律师、教师，只要你做着自己感兴趣的工作，你就会获得成功和快乐。

一位游客来到天堂，天堂美丽的景色把他迷住了。他流连忘返，信步漫游来到了一座宫殿前，里面传来阵阵仙乐。游客不由自主地迈步走了进去，看见正当中坐着圣徒彼得，周围还有一群身穿洁白衣服的天使，圣徒彼得见有人进来，就问游客有什么事情。

"我可以见见曾经在人世间最伟大的一位将军吗，尊敬的圣徒？"游客说。

"喏，就是这位。"圣徒彼得顺手一指立在身旁的一位天使。

"但是，尊敬的圣徒，他不是最伟大的将军，他在人世间只是一个普通的鞋匠。"游客辨认了一会儿，很肯定地说。

"是的，你说得对。可是他原本应当是最伟大的将军，只是他选错了职业。"圣徒彼得很惋惜地说。

人有些时候就是这样。鞋匠本来具有将军之才，却因为没有最大限度地发挥自己的天赋才能，没有认识到自己的能力，没有正确的职业规划，最终没有成为世上最伟大的将军。很多人不敢去追求成功，不是追求不到成功，而是因为他们不能正确地认识自己，丧失了自己的天赋。

那么，如何能够找到自己的天赋才能，做最适合自己的事呢？其实，你的兴趣就是天赋。兴趣，源于好奇心、求知欲，它是推动一个人不断进步的内在动力，往往可以决定一个人一生的道路。丁肇中博士说过："任何科学研究，最重要的是要看对于自己所从事的工作有没有兴趣。"一个人的兴趣一旦巩固下来，就会变成坚不可摧的物质力量，使人废寝忘食，将身边琐事通通置之度外，外力很难改变。所以兴趣正是天赋之所在。

有兴趣才能快乐工作。只有兴趣，才会给你提供锲而不舍的动力，从而使你这方面的天赋得到开发，这是许多人成就大业的秘诀。这些成功者只不过认识了自己，找到了自己真正"适合"和"热爱"的东西，进而心无旁骛地奔向目标。

珍妮原来有一份不错的文秘工作，但是她在工作中常常烦躁不安，于是去寻求职业咨询，并接受测验。结果显示，珍妮性格外向，活泼好动，表明她真的很喜欢跟人交往，这是管理一家店面或经营其他一些事业急需的性格。珍妮也表现出很高的制图能力，表示她处理数字和细节的能力非常好，这是当职业经理人的一个很重要的条件。

于是，她辞掉工作，开始创业。她在一家流量较大的大型购物中心选了一个地点，开了自己的店面，叫作"热情有劲"，出售香料、咖啡、茶和手工艺品。生意相当兴隆，约一年以后，她就开始让其他地方类似的店面经销她的产品。珍妮获得了成功并发挥了自己的兴趣特长，有什么感想呢？她灿烂地一笑说："这是第一次觉得工作很快乐！"

只有在日常生活中找到自己的天赋和目标，才能快乐地工作和生活，才能有所成就。如果你觉得日子过得很累，工作干得很苦，那么你就可能找错了工作，扮错了角色，浪费了自己的天赋才能。当你不是你时，你就待错了地方，扮演了别人，这样不啻于生活在地狱，就好像鸟在水里、鱼在天上。只有努力找出什么适合自己，才知哪里是自己的天堂。

伟大剧作家莎士比亚曾说过："你是独一无二的，这是最大的赞美。"千人千面，各有长短，所以，你应该根据自己独特的优势去走独特的人生路，追求独特的事业。只有坚持自己独特的方式，你才可能成功。

我们都应该去探索自己的性格深处，思考自己究竟有什么才干和天赋，什么地方自己能做得最出色，还可以与自己所认识的人相比，寻找自身的长处。当我们把自己方方面面的优势都想到后，请写下来，据此制定你的奋斗目标。让你的真实感情流露出来，选择自己喜爱的工作，这样你自然会感受到工作的快乐。

目标要量化

在工作中,懂得量化每一个阶段的目标是极其重要的。没有大到不能完成的梦想,也没有小到不值得设立的目标,只有朝着确立的目标一步步前进,才能有成功的希望。因此,在走向成功的过程中,不妨把一个大目标分成许多小目标,循序渐进,这样可以做得更快更好。

一个目标只有量化,才可测定;只有可测定,才能积累。有很多人倾向于把全部身心投入一个目标,认为只有当拥有什么时才会快乐。他们喜欢为自己设立一个目标,比如当问及"您未来十年的职业规划"时,很多人会空洞地回答说:"我希望十年之内做到总经理一职。"而当被问及"为什么?""如何做到?"时,很多人常常会不知如何回答。其实,任何一个具体的职业发展目标,都离不开你对个人技能的客观评估以及你为达到自己的职业目标所拟订的详细计划。

人生目标也是如此。它绝非一蹴而就,而是一个不断积累的过程。一个个量化的具体目标,就是成功旅途上的里程碑。每一个"里程碑"都是一次评估、一次安慰、一次鼓励。一句话,目标要量化,才能对成功有益。

一家公司每年都举行马拉松比赛,参加比赛的有各个部门的员工,每个员工在赛前都经过了精心的准备与训练。

当比赛开始时,汤姆一马当先冲了出去,一路领先,获得了冠军。记者采访他时问:"您是如何获得冠军的呢?"汤姆深沉地说:"我跑

马拉松是依靠智慧。"

记者很困惑：跑马拉松是依靠体力，依靠耐力，怎么是依靠智慧呢？看来汤姆是在卖关子。

第二年，汤姆依然得了冠军。第三年依然是这样。面对记者的提问，汤姆的回答都是一样的。

于是，记者又去采访："汤姆，您为什么每年都能获得冠军呢？外界的传闻很多，有的说你有一个祖传的秘方，吃了以后耐力特别好；有的说你的腿动过手术，和一般人的腿不一样。"

汤姆笑了笑，回答说："其实我得冠军的道理非常简单。比赛之前我会仔细观察每个地方的地形，记住什么地方有一棵树，什么地方有一个小土包，而且在每个地方都做一个标记。在赛跑的时候，我就想，快跑，快跑，到了下面的小土包就是冠军了。过了小土包后我就想下一棵树。每到一个做了标记的地方，我都会这样想。快跑不动的时候，我就想，后面有一只狼在追我，快跑，快跑，到下一个标记处它就追不上了。就这样，我每年都得冠军啦！"

"原来是这样呀！"记者恍然大悟。

汤姆善于在实现目标的过程中，把这一目标分解成一个个小目标，这是一种有效的成功方法。

善于分解一个大目标就能产生神奇效果，秘诀就是"量化"每一个小目标。从现在开始，把你的大目标量化为一个个小目标，先全力以赴完成第一个小目标，直到完成为止，与此无关的通通放在一边。达到第一个小目标之后，就全力以赴完成第二个小目标。依此类推，才有希望达到成功的巅峰。

任何事情从着手准备到最终完成，都有一个从量变到质变的过程，达到目标是发生质变时的那一瞬间，而在此之前却要经历一个十分漫长的量变过程。因此，目标不应该是某种笼统的象征，而应该是一件件具体的事情。这需要你做到下面两点：

一是目标要长短结合。

我们把目标分为长期目标、中期目标和近期目标。一个人光有长期目标还不行，"万丈高楼平地起"，你必须还有近几年的目标，这是你的中期目标。中期目标很重要，它能使你看到奋斗的希望，从而增强你的自信心。很多人在制定目标时，不注意建立中期目标，而只树立了长期目标，可随着岁月的流逝，看到实现目标的希望越来越渺茫，于是便轻易地放弃了自己的目标。这样的人往往一事无成。

二是确立明确的近期目标。

当长期目标和中期目标制定后，你就要重视近期目标，近期目标是你实现中期目标和长期目标的第一步。近期目标完成得怎么样，会影响中期目标。近期目标是基础，是起跑线，一个人绝不能输在起跑线上。因此，近期目标必须具体、明确、有时限。

设立适合自己的目标

有时候，我们对于制定的目标就像轮船航行一样，必须不断地修正方向。如果仔细地分析航行者的图表，你会发现在轮船的航程中，从出发点到终点，其路径并不是一条直线，而是一条弯弯曲曲的连线。船长必须时时修正方向，以免船只因为外力影响而偏离航道。在航行过程中，唯一不会改变的就是航行的目的地。

有些人认为，在设定目标后，向成功人士学习，做成功者在做的事情，然后再以自己的风格，创出一套独特的成功哲学和理论，加上实践，就可以获得成功。其实，这只说对了一半，如果这个目标既合乎自己的实际，又合乎情理，那么很可能会成功。但是，如果本身设定的目标并不合理，若要成功，就必须放弃这个目标，重新设定合理的目标。

一个人的目标可能有很多，比如，你想成为百万富翁或是学术权威，你想身体健康、想救助贫困儿童或是筹建敬老院，你想成为杰出演员或是科学家等，都构成你目标的范围。然而，这些目标是不是都切合实际呢？许多在事业上非常有成就的人都有比较深刻的认识，下面的故事就生动地说明了这个道理。

美国汽车巨头福特曾经特别欣赏一个年轻人的才能，他想帮助年轻人实现自己的梦想。可年轻人的目标却把福特吓了一跳。他一生最大的愿望就是赚到 1000 亿美元——超过福特财产的 100 倍！

福特问他："你有了那么多钱以后做什么？"年轻人迟疑了一下说："老实说，我只觉得那才能称得上是成功，至于做什么我也不大清楚。"福特说："一个人如果真拥有那么多钱，将会威胁整个世界，我看你还是先别考虑这件事了吧。"

此后，在长达5年的时间里，福特拒绝见这个年轻人，直到有一天年轻人告诉福特他想创办一所大学，他已经有了10万美元，还缺少10万美元。福特这时才开始帮助他，他们再也没有提起过1000亿美元的事。经过8年的努力，年轻人成功了，他就是著名的伊利诺伊大学的创始人——本·伊利诺伊。

我们设定目标可以尽量高些，但千万不能脱离现实。在工作中制定目标应该有大志向，但这并不意味着可以不顾自身的客观条件而去痴人说梦。因此，目标要适当、合理、正确。

在工作中，目标要合适。目标定得太高，无法达到，就会挫伤你的工作积极性。如果你身高有限的话，想赢得下一年度的篮球扣篮冠军是困难的。如果你梦想成为一个伟大的音乐家，但自身的听觉非常糟糕，不论你如何用功，如何努力，也不会达到目的。这样的目标对你毫无用处，反而会把你的精力耗在那些无效的工作上。

一个人设立的目标是否适合自己是非常关键的前提。若要获得成功，必须先设立适合自己的目标。然而，社会是动态变化的，未来是动态变化的，知识也是动态变化的。所以，为了适应动态的发展，你必须适时调整自己的目标，使其更好地符合实际情况。因此，在实现目标的过程中，当我们遇到种种没有预见到的变化时，就需要对既定目标作出积极的调整。具体的目标修正有以下几个步骤：

（一）先修正计划，而不是先修正目标

如果更改目标已成为习惯，那么这种习惯很可能会让你一事无成。目标一旦确定，就不要轻易更改，尤其是"最终目标"。可以不断修正的是达成目标的计划，包括到达最终目标之前的各个"路标"——过程目标。记住英国人的一句谚语：目标刻在水泥上，计划写在沙滩上。

（二）退而求其次，修正目标达成的时间

如果修正计划还无法达成目标，可以修正目标达成的时间。一天不行，用两天；一年不行，花两年。坚持到底，永不放弃，直到成功。如果修正计划还无法达成目标，根本的原因可能是当初制订计划时考虑得还不够周密。百密一疏，等于没有计划。

（三）修正时限还不行，则修正目标的量

其实，这已经是在压缩梦想了。作出这一决定时请三思而行，并告诫自己，不要轻易压缩梦想以适应残酷的现实。应当不惜一切努力，找寻新的方法以改变现状，达成目标。

（四）万不得已时，只好放弃该目标

目标的本源不同、适配性不一，其结果就大不相同。必须考虑自己的特长与设定的目标是否相符合，两者相符合则可以达到目标，否则就不妨放弃它。

制订一个有效的工作计划

制订工作计划的一个最大的好处，是有助于我们安排日常工作的轻重缓急。要做好一份工作，先走哪一步，后走哪一步，是至关重要的，这就需要你认真制订好自己的计划。

许多人整天也是忙忙碌碌，却总是不见有什么成绩，就是因为缺乏一个详细的工作计划。很多人在抱怨自己一事无成的同时，却又在漫无目的地工作和生活，没有给自己制订一个详细的工作计划表，即使埋头苦干了，短期内偶然得到了一些小的收获，但辉煌却很难属于自己。

可见，制定好目标，只是完成了第一步，还需制订周密的计划和步骤，以便可以"多、快、好、省"地达成目标。

人的时间和精力是有限的。在工作中，当面对突然涌来的大量事情，往往会感到手足无措。这时候就需要制定一个顺序表，根据你的工作目标，把所有需要处理的事情，根据轻重缓急排一个顺序，并把它写在一张纸上。这样，处理各种事情就有了明确可行的计划，只要按计划行事，就可以在工作中忙而不乱，顺利完成工作任务。

美国一位跨国公司的经理去拜访卡耐基，看到卡耐基干净整洁的办公桌感到很惊讶，他问卡耐基："卡耐基先生，你没处理的信件放到哪儿呢？"

卡耐基说："我的信件都处理完了。"

"那你今天没干的事情又推给谁了呢？"经理紧追着问。

"我所有的事情都处理完了。"卡耐基微笑着回答。看到这位经理

困惑的神态，卡耐基解释说："原因很简单，我知道我所需要处理的事情很多，但我的精力有限，一次只能处理一件事情，于是我就按照所要处理的事情的重要性，列一个顺序表，然后一件一件地处理。结果，处理完了。"

"噢，我明白了，谢谢你，卡耐基先生。"

几周以后，这位公司经理请卡耐基参观其宽敞的办公室，并对卡耐基说："卡耐基先生，感谢你教给了我处理事务的方法。过去，在我这宽大的办公室里，我要处理的文件、信件，堆得和小山一样，一张桌子不够，就用三张桌子。自从用了你说的法子以后，情况好多了。瞧，再也没有没处理完的事情了！"

按事情的先后顺序，制订一个计划进度表。然后根据它把一天的时间安排好，这对于取得成功是很关键的。在工作中，你一定要为自己制订一个详细可行的计划，其最大好处就是有助于安排日常工作的轻重缓急，大大简化你每天做很多决定的过程。

一位企业家曾谈到他遇到的两种人：

一种是性急的人，不管你在什么时候遇见他，他都表现出风风火火的样子。如果要同他谈话，他只能拿出几分钟的时间，时间长一点儿，他便会伸手把表看了再看，暗示他的时间很紧迫。他公司的业务做得虽然很大，但是开销更大。究其原因，主要是他在工作安排上乱七八糟、毫无顺序。他做起事来，也常为杂乱的东西所阻碍。他经常很忙碌，从来没有时间整理自己的东西，即便有时间，他也不知道怎样去整理。

另一种人，与上述情况恰恰相反。他从来不显出忙碌的样子，做事非常镇静，总是很平静祥和。别人不论有什么难事和他商谈，他都是彬彬有礼。在他的公司里，所有员工都按部就班地埋头苦干，各种物品安放得井井有条，各种事务也安排得恰到好处。他做起事来，样样办理得清清楚楚，他那富有条理、讲求秩序的作风，影响了整个全公司。于是，他的每一个员工，做起事来也都极有条理，公司一派生机盎然的景象。

可见，如果工作有计划，处理事务有条理，在办公室里就不会浪费时间，不会被扰乱神志，办事效率也会提高。从这个角度来看，你的时间就会变得很充足，你的事业也必能依照预定的计划去进行。

第十章 团结协作，需要良好的合作心态

现代社会中，专业化的分工越来越细，单靠一个人的力量，很难把千头万绪的工作做彻底。我们不否认一个人可以凭着自己的能力取得一定成就，但如果把你的能力与别人的能力结合起来，组成团队协同工作，就会收到"1+1>2"的效果，取得令人意想不到的成功。打造能够共赢的团队，需要良好的合作心态。

团队要有共同的目标与愿景

在社会中,每个人都是独立的,有着不同的活动,目标也各不相同。而在一个团队里,如果每个人都只按照自己的意愿行事,这个团队显然是没有战斗力的。一个成功的团队一定都有明确的共同目标与愿景,每一个成员都会愿意为共同目标和愿景付出自己的努力。

打造成功团队的过程中,有人做过这样的一个调查:让团员思考最需要团队领导人做什么,70%以上的人回答——希望团队领导指明目标或方向;同时,让团队领导者思考最需要团队成员做什么,几乎80%的人回答——希望团队成员朝着目标前进。从这里可以看出,共同目标在打造成功团队过程中是十分重要的,它是一个团队能否成功的关键。没有行动的远见只能是一种梦想,没有远见的行动只能是一种苦役,远见和行动才是成功团队的希望所在。

为团队确定目标还是相对容易的,但要将共同目标灌输给团队成员并取得共识就不是那么容易的事情了。所谓共同目标并不是要团队每个成员都完全同意的目标,而是尽管团队成员存在不同观点,但为了追求团队的共同目标,各个成员求同存异并对大家的共同目标有深刻的一致性理解。要达到这样的效果,应从以下几个方面着手:

第一,对团队进行摸底。对团队进行摸底就是向团队成员咨询对团队整体目标的意见。这非常重要,一方面可以让成员参与进来,使他们觉得这是自己的目标，而不是别人的目标；另一方面可以获取成员对目标的认识，即大家的共同目标能为组织做出什么别人不能做的贡献，团队成员在未来应重点关注什么事情，团队成员能够从团队中得到什么，以及团队成员个人的特长是否在大家的共同目标达成过程中得到有力发挥等，通过这些摸底，广泛地获取成员对共同目标的相关信息。

第二，对获取的信息进行深加工。在对团队进行摸底收集到相关信息以后，不要马上就确定大家的共同目标，应就各人提出的观点进行思考，留一个空间——给团队和成员一个机会，重新考虑这些提出的观点，以避免匆忙决定带来的不利影响。

第三，与团队成员讨论目标表述。树立团队共同目标与其他目标一样需要满足五项原则：目标必须是具体的、目标必须是可以衡量的、目标必须是可以达到的、目标必须和其他目标具有相关性、目标必须具有明确的截止期限。与团队成员讨论目标表述是将其作为一个起点，以成员的参与而形成最终的定稿，以获得团队成员对目标的承诺。虽然很难，但这一步却是不能省略的，因此，团队领导应运用一定的方法和技巧。比如头脑风暴法：确保成员的所有观点都讲出来，找出不同意见的共同之处，辨识出隐藏在争议背后的合理性建议，从而达成大家的共同目标和个人目标共享的双赢局面。

第四，确定团队的共同目标。通过对团队摸底和讨论，综合大家的共同目标，确定共同目标以反映团队的目标责任感。虽然很难让全部成员都认可一个共同目标，但求同存异地形成一个成员认可的、可接受的目标是重要的，这样才能获得成员对共同目标的真实承诺。

第五，由于团队在运行过程中难免会遇到一些障碍，比如：组织大环

境对团队运行缺乏信任、成员对大家的共同目标缺乏足够的信心等。在确定大家的共同目标以后，尽可能地对大家的共同目标进行阶段性的分解，树立一些过程中的里程碑式的目标，使团队每前进一步都能给组织以及成员带来惊喜，从而增强团队成员的成就感，为一步一步完成整体性共同目标奠定坚实的信心基础。总之，对大家的共同目标达成一致并获得承诺，不需要命令、监督，用自己的执行力去行动，是团队取得成功的关键。

当然，要想让团队因为共同目标和愿景而产生强大的凝聚力，团队还必须建立起优秀的团队文化愿景目标。

首先是合作文化。今天的世界已经不再是一个简单的个人英雄主义时代，而是一个在各个层面，尤其依靠团队的成长来展开全面合作的时代，因此合作文化已经成为我们这个时代的团队文化的重要支柱内容之一。个人需要能力，需要展现自我价值，要让所有成员明了个人的价值必须在团队的基础上才能得以最好地发挥，离开了团队，个人的能力是无法得以尽情施展的。因此，团队中的每个成员必须有良好的与他人分享自己的经验的心态，与他人相互合作的意识。这样，每个人就不仅仅局限在自己的那一小部分的收获，而是整个团队。

其次是关爱文化。所谓关爱文化就是团队对广大最终消费者、事业参与者的一种关心和爱护。一个团队如果把这种关爱作为理想的内核之一，那么其所折射出来的外在表现形态就是一种关爱文化。这种文化的力量不仅是能够使团队保持凝聚力和战斗力的秘诀，而且也是使其成为"高效率"团队的关键之一。比如"关注客户"是这个团队的共同目标，那么以这样的心态，注入到所开发的产品，才是真正满足客户需求的；关爱内部参与者，才能让团队内部成员体会到团队的温暖，使整个团队更加温馨和谐。

这样，团队内部的整体搭配才能体现出好的状态，再加上个人的努力，团队的力量才会更强大。个人力量不会被抵消浪费掉，并较好地汇聚成团队共同的方向，发展出一种共鸣，就像凝聚成束的镭射光，而非发散的灯光，它才具有目的一致性，并且了解如何取长补短。

确立共同目标和愿景，然后让团队中的每个成员为之努力，在这一过程中团队的凝聚力就会不断被强化，从而形成一个打不倒、难不住的现代优秀团队。

运用合力，聚起强大的力量

当今时代，不仅是竞争的时代，更是合作的时代。随着知识型员工的增多以及工作内容中智力成分的增加，越来越多的工作需要通过团队的合作来完成。可以说，任何工作都离不开与他人或团队的协作。

俗话说："三个臭皮匠，顶个诸葛亮。"只有善于合作，运用合力，才能聚起强大的力量，把事业做大。一个不重视合作的人，必将感到举步维艰，而一个善于合作的人，却会感到如鱼得水。可是，很多人却恰恰缺少这种团结协作的心态，他们在工作上显得异常孤僻、一意孤行，从来不注意和同事的配合。

在一个企业的团队里，"独行侠"式的人是不可能取得长期的成功的。真正有所成就的人绝不是好出风头的"独行侠"，而是一个充满合作激情、能够克制自我、与同事共创辉煌的人，因为他明白：离开了团队，他将一事无成，而有了团队合作，他可以与别人一起创造奇迹。

有这样一个故事：

有人与上帝谈起天堂与地狱的问题。上帝对这个人说："来吧，我让你见识一下什么是地狱。"他们走进一个大房间，里面一群人正围着一大锅肉汤。但是，奇怪的是，他们每个人看起来都神情绝望，一副营养不良的样子。因为虽然他们每个人都拿着一只汤匙，但汤匙的柄比他们的手臂长出许多，以至于没办法把东西送进嘴里。

之后，他们进入另一个房间，和他在第一个房间所看到的没什么不同：一锅汤、一群人、一样的长柄汤匙。但每个人都很快乐，吃得很愉快。因为他们是互相用自己的汤匙舀肉汤去喂对方。

其实，天堂和地狱并不遥远，它就在我们的身边。团结协作就是天堂，彼此争斗就是地狱。这也说明了一个道理：团队中的每一个人都要彼此合作帮助，这样大家才能共同提升，帮助别人就是在提升自己。不会与别人合作，就相当于把自己送入地狱。

随着现代社会分工的日益精细，要想获取成功，相互协作就显得尤为重要。众人拾柴火焰高，一个人的力量是有限的，只有相互协作，紧密配合，才能通向胜利的彼岸。协作才能发展，协作才能胜利，这是今天很多企业领导者的共识，而团队精神也被国内外知名企业奉为"箴言"。

松下幸之助说："松下不能缺少的精神就是协作，协作使松下成为一个有战斗力的团队。"

卡耐基说："放弃协作，就等于自动向竞争对手认输。"

缺乏协作精神的企业不可能前进，这就像几匹马拉一辆车一样，当所有的马朝着一个方向，步伐协调地奔跑时，这辆车就能迅速地前进。如果几匹马朝着不同的方向奔跑，这辆车就根本无法前进，甚至会车仰马翻。

今天，任何一个公司都不可能由一个人去完成所有的事情，员工与员工之间必须紧密配合，团结一致，才能取得成功。因此，在工作中只看到自己的利益，而忽视团队的利益、没有团队精神的员工是无法在现代公司里立足的。

企业需要高素质、高能力的人才。但如果只强调个人的力量，即使一个人表现得再完美，也很难创造很高的价值。所以说"没有完美的个人，只有完美的团队"，这一观点被越来越多的人所认可。一个不认可公司文化、与团队格格不入的人，即使他很能干，也不可能得到重用。在这种情况下，他要么改变自己融入团队，要么选择离开。

只有团队的每一位成员紧密合作，才能获得最大的成功。当然，与人合作并不等于一味地迁就别人。优秀的员工都知道"君子和而不同"，合作讲究的是求同存异、共同奋斗，使双方产生合力，适应工作的推进与发展。

在这个团队制胜的年代，单打独斗的招式已经过时，团队精神才是一个企业真正的核心竞争力。每个人要想把工作做好，首先要有团队精神，了解并熟悉团队的文化和规章制度，然后尽快把自己融入团队中去，在团队中找到自己的位置，同时更好地履行自己的职责。

今天的时代离不开与各种类型人才的合作，只有选择合作，才能适应这个时代。每个人要想成就一番事业，就需要具备在多元化的团队中与各种类型的人合作的能力。只有选择合作，你才能成为最具竞争力的一族。

团队要讲究的是互帮互助

所谓团队，就是由员工和团队管理者组成的一个共同体，该共同体合理利用每一个成员的知识和技能协同工作，解决问题，达到共同的目标；也可以定义为两个或两个以上相互作用、相互依赖的个体，为特定目标而按照一定规则结合在一起的组织。

换句话说，只有当所有成员互帮互助，为了一个共同的目标而奋斗的时候，这个组织才能称得上是一个团队。人们常说，员工的价值就在于帮助老板解决问题。但实际上，在一个优秀的团队中，团队领导的价值也是为员工解决问题。只有相互为彼此解决问题，这个团队才能团结一致、齐心协力，最大限度地发挥集体的力量，朝着目标前进。

侯先生是一家房产中介的经理，他非常关注团队员工的工作进展。有谁遇到解不开的难题了，他总会想尽办法，利用自己的各种资源帮他解决。

有一次，他手下的新员工孙小姐结识了一位大客户，对方想要在某地买一栋大房子，资金初步定在8000万左右，对房子的要求提了很详细的标准。可以看出，这是一位迫切想要买房的客户。然而，孙小姐因为刚进公司不久，手中没有那么多房源。

在孙小姐想尽办法而不能的时候，侯先生主动找到了她。首先他在公司内网发布消息，征集公司已有的房源；然后，他开始培训孙小姐的"洗房"技能，希望在最短的时间内"洗出"一套符合客户要求的房源；与此同时，他不断向孙小姐传授自己的客户维护经验，并告诫她不要慌张，一定要以诚待人，争取以真诚来打动客户。

最终，在候先生的帮助下，孙小姐不但自己"洗"出两套房源，还得到公司内部几套房源的信息。经过再三筛选，那位客户选中其中一套，顺利完成交易。这笔交易带给孙小姐近100万的业绩，同时给候先生的团队带来了公司当月业绩第一的丰厚回报。

在工作中，员工总会遇到一些凭借自身的力量无法解决的问题。这个时候，作为团队领导，我们应该从大局考虑，充分调动我们的资源帮助他们解决问题。当然，这并不意味着替员工"擦屁股"，而是在员工确实无能为力时，予以必要的帮助。

团队是一个整体，讲究的是互帮互助，而非单纯的"下对上"的关系。说白了，员工必须为领导解决问题，领导同样也需要为员工提供帮助。员工面对超出其能力范围的难关，领导却袖手旁观、不予援手，如此他们就会对团队失去信心和归属感。久而久之，他们就会逃离这个团队，至少在面对工作的时候不再那么上心了。因此，为了团队的和谐发展，团队领导为员工提供必要的帮助是天经地义也是非常必要的。那么具体来说，应该怎么为员工提供帮助呢？

（一）帮助员工发现他自身被忽视的长处

很多员工常常因为各种原因，忽视了自身的一些长处或是对自己不自信，明明有着很好的创意以及很强的工作能力，却不能很好地发挥出来。这个时候，团队领导就需要发挥自己的作用了——给予员工更多的鼓励，使其认识到自己的闪光点，并将之用到工作中。如此一来，不但增强了员工的归属感，更为团队发掘出一名优秀的"战士"。

（二）大胆地调用资源，解决员工工作上的难题

员工在工作中难免会遇到一些超出其权限范围或能力范围的难题，比如由于自身职级所限，无法掌握一手资料，进而影响了工作的进度。这个时候，就需要调用我们的资源，在不违背公司规定以及不影响公司整体计划的前提下，予以必要的帮助。

（三）帮助员工解决职业规划或人生方面的困惑

大多数时候，给员工带来最大困扰的就是职业规划以及人生的困惑。比如职业发展或成家立业等问题，常常让员工无心工作。这个时候，领导就应该及时伸出援助之手，解开员工的心结。毕竟，员工只有轻装上阵，才能提高工作效率。

总之，一个真正的团队是互帮互助的，还有着精密的分工。员工负责完成工作，而团队领导则负责为员工提供完成工作所需的必要帮助。只有彼此倾力合作，才能打造无缝隙的完美团队。因此，在员工遇到解不开的难题时，别忘了伸出我们的援助之手。

离开团队，你会陷入困境

学过植物学的人大都知道，世界上的植物当中，最雄伟的当属高度大约为 90 米，相当于 30 层楼那么高的美国加州的红杉。一般来讲，越是高大的植物，它的根应该扎得越深。根扎得不深的高大植物是非常脆弱的，只要一阵大风，就能把它连根拔起，更何况红杉这么雄伟的植物呢。但是，红杉的根只是浅浅地浮在地表而已。

但是红杉却生长得很好，这是为什么？

原来，红杉不是单独生长，而总是成群相伴而生。大片红杉的根彼此紧密相连，一株连着一株，无论自然界中的风再大，也无法撼动几千株根部紧密相连的红杉林。

这就是团队的力量！

团结的力量是无穷的，善于协作的团队生命力极强，无坚不摧，它能战胜比自己强大许多的对手。最有效运用合作法则的人生存得最久，而且这项法则适用于从植物到最高级的人类。然而，一旦这种团结遭到破坏，一个团队的优势便不复存在。如果各个成员之间各自为政，不能密切合作，就会变成一盘散沙，走向失败也就成为必然。

许多人在谈到自己的成功时，往往把这一切的取得都归功于自己的努力。但事实上，任何一个人的成功都离不开其他人的支持和帮助。

一个人要想成大事，必须提高自身的团队协作精神。这一方面可以弥补自己的不足；另一方面可以形成一股合力。毫不夸张地说，合作已成为人类生存的手段。一个人只有学会与人合作，掌握这种能力，才能让自己的事业不断向前。只有团结才有力量，只有与人合作，才能众志成城，战胜一切困难，产生强大的前进动力。

对于今天的企业而言，员工之间的协作与否，直接关系到企业的生存和发展。从现实的角度来讲，一个团队不仅给予了员工发挥才能的机会，同时也给予了创造成功的可能。员工在一个团队中更容易达成自身的理想，因为团队能够提供很多个人所不能提供的条件。

有一首名叫《众人划桨开大船》的歌中这样唱道："一支竹篙呀难渡汪洋海，众人划桨哟开动大帆船；一棵小树呀弱不禁风雨，百里森林哟并肩耐岁寒。"这首歌极富哲理，它生动地诠释了团队的精神。

一个积极向上的团队能够鼓舞每一个人的信心；一个充满斗志的团队能够激发每一个人的热情；一个时时创新的团队能够为每一个人的创造力提供足够的空间；一个协调一致、和睦融洽的团队能够给每一个人的心灵一份回家的温暖。

一个企业就是一个团队，个人与团队的关系就如同鱼与水的关系，每一个人成功的背后都离不开团队的支持，而每一个团队的成功也是全体成员齐心协力的结果。在工作中，每个人都要时刻铭记：我们是一个整体，是一个团队。团队中的每一个人都必须意识到自己是团队中的一分子，都必须意识到他人的存在。

无论你在团队中处于什么位置，都应该尽职尽责。现今的工作是一个程序化的工作，互相配合是每一个员工必备的素质。没有团队意识，不能与同事友好合作的人，即使有很强的能力，也难以把自己的优势在工作中淋漓尽致地发挥出来。越来越多的公司把是否具有团队协作精神作为招聘员工的重要标准。工作能力强，具有团队协作精神的员工更是公司高薪留用的对象。而一个不肯合作的"刺头"，势必会被公司排斥。

一个不懂得合作的人不会懂得支持别人，尊重别人，甚至不把客户、同事、上司等其他人放在眼里。有了一点小小的成绩，只想归功于自己。这样的人自恃有些才华，也许能够取得一些短暂的荣誉，但终究难成大事。

如果把社会比喻成一艘巨轮，只有船上的所有人共同协作起来才能让轮船前行，其中的每一个人只不过是这船上的一个零配件而已。整个团队的兴衰与团队中的每一个人都有着密不可分的联系。如果抛弃了团队精神，那团队必将面临更大的风险，最终陷入困境的也必然包括自己。因为对于团队中的每一个人而言，没有你我，只有我们。

总之，在专业化分工越来越细、竞争日益激烈的现代职场，崇尚团队合作，团结作战，才是现代职场人获得成功的有力保障。

信任是团队合作的开始

信任是合作的开始，也是企业管理的基石。一个不能相互信任的团队，是一支没有凝聚力的团队，是一支没有战斗力的团队。信任对于一个团队具有哪些重要的作用呢？

第一，信任能使人处于互相包容、互相帮助的人际氛围中，易于形成团队精神以及积极的工作热情。

第二，信任能使每个人都感觉到自己对他人的价值和他人对自己的意义，满足个人的精神需求。

第三，信任能有效地提高合作水平及和谐程度，促进工作的顺利开展。尽管信任对于一个团队具有化腐朽为神奇的力量，但实际上很多企业都处于一种内部的信任危机当中。比如，没有凝聚力、上司在下属面前没有威信、人心不稳、工作没有积极性等，这样的企业犹如处于一个随时都可能爆发的火山口上。

人，最重要的不是他是什么，而是你把他当作什么。你给他多少信任，他就会给你多少回报。关键是你对他的导向。你的沟通、你的行为、你的认识、你的习惯形成了你固有的用人文化。一个对他人总不放心的人，最终是孤独、孤立而失望的。

在我国现代企业管理中，不信任现象依然严重。比如"走马灯"似的更换企业领导人，要求员工上下班和班中外出时打卡，下班时搜身，提交医生字条来证明医疗情况等。而一些所谓的新管理措施，比如派"职业侦探"盯梢、用"电子侦探"监视员工、招聘录用时填写求职担保书等，无一不是拿信任来冒险，无一不是对信任的亵渎，试想，这样的企业怎能奢望良好的管理效益？

失去了信任，管理就成了无源之水，无本之木。没有哪一个领导人希望员工背叛公司，但是员工的忠诚是用信任打造出来的。只有"真心"才能换来诚心，这"真心"就是领导人对员工的信任。信任你的团队，信任你的员工，是领导成功的第一步。当然，给人以信任，不是无原则的不管，不是放任，不是有问题视而不见，以及盲目地理解与认可。授权不等于放权，放权不等于弃权。对问题必须敏锐地去发现、去防范，而且要去寻找问题，再把问题处理在萌芽阶段。千万别被人看成是好欺骗，好糊弄的"慈善组织"。这样的"包容"不是包容，是纵容、是无能，也是滋生腐败与个人邪念的温床。看什么都是问题，好像什么人都值得怀疑，不行；看不到问题，什么都随他去，更不行。要敢于看到问题，并准确判断其本质，然后，不要大惊小怪，恰到好处地予以扭转和斧正，多一些理解，再多一些理解，才能取得好的效果。

信任他人，不仅能有效地激励人，更重要的是能塑造人。在人与人相互信任的氛围中，彼此之间无忧无虑，无牵无挂，思维空前地放松与活跃，尽情发挥自己的聪明才智。在这样的环境里，人性的本能驱使大家维护这方相互信任的净土，最终使团队中的信任成为一种文化。这种境界是物质激励无法达到的，然而却是塑造成功的团队所必需的。

把合作伙伴当"情人"

家人相处、朋友交往能做到为对方着想实为不易，做生意能为对方着想者更是鲜见。未见得所有的经商有成者都能为合作伙伴着想，有的甚至还是靠千方百计地算计而达到目的的。但可以肯定的是，能够把合作伙伴当恋爱中的情人一样对待，时时处处为对方着想的人才能把事业做大。

只有懂得失去，才能真正获得。如果在所有事情上都不能吃亏，就不可能有大的发展。

胡雪岩与刘不才的合作也是靠"为对方着想"这一条才达成的。

刘不才纯粹是一个嗜赌如命的花花公子，一个规模相当不错的药店被他输得精光。在别人眼里，这绝对是一个不可救药的"败家子"，甚至就连他的亲侄女芙蓉，都认为她三叔"除掉一样吃鸦片，没有出息的事，都做绝了"。但胡雪岩却看到了他的另一面：他赌得再狠，手上几张祖传的秘方却绝不当赌注押上，这说明他心里还存着振兴家业的念头；第二，虽然吃喝嫖赌样样都来，但绝不抽大烟，这说明他还没有堕落到自贱自轻、不能自拔的地步。就凭这别人不注意的两条，胡雪岩看出刘不才"此人不但有本事，也还有志气，人虽烂污，只要不抽鸦片，就不是无药可救"。既然还有药可救，那么他会玩却正是自己用得着的地方，胡雪岩打定主意让他充当一名特殊的"清客"角色，专门培养用来和达官阔少们打交道。

当时，刘不才最怕有人算计他的那几张"祖传秘方"，胡雪岩就想出个"以方参股"的方法，具体设想是：刘不才的祖传秘方，当然要用，可是不要求他把方子公开。将来开药店，让他以股东的身份在店里坐镇，这几张方子上的药，请他自己修合。"君臣佐使"是哪几味药，分量多少，如何炮制，只有他自己知道，何虑秘方外泄？

只要不是图谋自己的秘方，刘不才自然是诸事皆好商量。这种处处为刘不才考虑的方案，对自己来说是"稳赚不赔"的生意，刘不才自然是无话可说。就这样，胡雪岩巧妙收服了刘不才，不仅用他的祖传药方开起了"胡庆余堂"药店。而且还在许多关键的场合，发挥了刘不才善赌的"绝技"，为胡雪岩做成了几桩大生意。

可见，有的时候生意场上的合作看起来很难，做起来也往往不易。说到底还是于小利中斤斤计较，捅破这一层纸，什么样的合作都能成功。当然，为对方着想并不是不去求利，那就违背了做生意的基本出发点。正确的做法应该是该属他人的利一定要给人家，该属自己的利也要努力争取，同时可以适当地为对方着想。"为对方着想"绝不是不讲原则地把自己的应得之利送给别人，而是在此基础上获得合作的成功，以寻求更大的共同利益。

在合作中，注意为对方着想就能从对方的角度考虑问题，让对方有所触动，而自己也能造就胸怀宽广和明智聪慧的形象。

有些人将个人的利益放在第一位，其他人的利益，当然就及不上个人利益重要了。商场中这种现象更为多见，不论任何买卖，任何交易，都是以自己得益为最重要。这可能是商场上的文化，也可能是在商场内生存的条件。

然而"福兮祸所伏，祸兮福所倚"。有时我们执着于某些事物，一定要得到，以为得到这些事物就是利益所在，就是福之所在，殊不知祸福可能是暗藏玄机的。福未必一定是福。有时，我们在某些事情上吃了亏，表面上看来，这当然不是什么福分了，即使不是祸，也起码在利益上受到损失。不过，塞翁失马，焉知非福。有时吃了亏，甚至吃大亏，反而可能避过一些麻烦，甚至得到其他方面的利益。

做生意时不能只以个人得失为出发点，也要多为别人着想一下，这样做表面上看是吃了点亏，其实却有大利可图，为利益寸土不让，倒不见得有什么好处。在商场上，很多人为了利益争得你死我活。有时，只要双方其中之一肯退一步，将所占的利益，做轻微的调整，就什么事都不会发生。但偏偏有些人就是硬要执着于个人的利益，不去为对方着想，连少许利益也要自己完全独占。结果可能双方因此大动干戈，或者对簿公堂，又或者其中一方不肯退让，甚至双方都不肯退让，到最后两败俱伤，本来是互惠互利的，变成两者都不能得益之外，更加因此劳民伤财，何苦来哉？肯吃亏，有时可能反而是福之根源。

第十一章 当好表率，做让人信服的领导

领导就是员工思想、行为的风向标，也是引领团队前进的舵手。领导只有做好了自己，才能得到员工的认同和信服，然后，众人才能齐心合力，团队这艘大船也才能走得安稳，走得坚定，永远朝着一个方向前进。

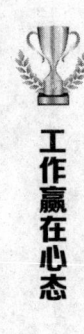

做下属佩服的领导

在实际管理工作中，领导必须承认一点：如果员工觉得你跟他差不多，或者仅仅只比他强一点点，那么他就会认为你跟他是一个水平的，是可以一争高下的。这样一来，员工自然想跟领导"一决雌雄"。毕竟，如果大家能力都一样，谁又甘愿被别人领导呢？

董明珠，36岁南下打工，进入格力电器公司。最初，她连营销是什么都不知道。然而，在15年的时间里，她从最底层的业务员一直做到了珠海格力电器有限公司的总经理、格力集团的副董事长，并入选美国《财富》杂志2004年度全球商界女性50强。

刚到格力时，她接手的第一件工作是去安徽追讨一笔前任留下的42万元债款。在此之前，已经有许多人都负责过这个工作，但他们都以失败告终，甚至连公司方面都认为这笔款项已经追回无望了。但董明珠却不信邪，在历尽艰辛后，她仅用40天就完成了任务。

又有一年，她一个人的销售额就达到了1600万元，几乎靠着一己之力打开了格力在安徽的销售局面。随后，她被调往几乎没有市场份额的南京。在隆冬季节，她神话般签下了一张2007万元的空调供货单。一年内，她的销售额上蹿至36507万元。

1994年底，董明珠出任格力电器经营部部长，在接下来的日子里，她领导的格力电器连续11年空调产销量、销售收入、市场占有率均居全国首位。在格力集团，员工都喜欢称她为"铁娘子"，她的话宛如圣旨。而这一切，都是建立在她一张张的成绩单上的。

有人问董明珠凭什么成功，她很自然地回答："能打胜仗！"是的，一个人要想在某一个位置上保持优势，并且还能得到员工的认可，他就必须在这个位置上做出更多的业绩。有媒体说，董明珠走过的地方，"连草都不长"，所以，她的下属以及客户都服她。

想要真正得到员工的佩服和敬仰，领导就必须展现出足够强大的实力。如果把员工比作小鸡的话，领导即使是只大鸡，也还远远不够。只有当领导是一只火鸡，把员工远远抛在后面时，员工才会放弃这种比较。

想把自己培养成"火鸡"，就要提升自己的能力或品质亮点。有很多地方，我们可以根据自己的特点刻意去锻炼积累，比如修炼出炉火纯青的复杂问题规划组织能力、高效准确到位的表达能力、洞穿事物表象的归纳总结能力以及慧眼独具的识人能力等。只要领导在某一领域或方面达到专业的地步，员工自然心生敬仰。那么，具体该怎么做呢？

（一）当上领导，也不要忘了提升自己的专业技能

很多人一旦当上领导，就会抛弃以前还是员工时的一些业务技能，认为自己从此以后不会再用到这些东西了。殊不知，想要打动员工，最有效的就是这些业务技能。毕竟，不管何时，强者总是受人崇敬的。因此，领导永远不要忘了提升自己的业务技能。

更何况，领导如果不断地提升自己的业务技能，还有一个好处，就是当员工遇到相关问题时，能够及时提供帮助，甚至领导还可以将这些技能传授给员工。这样一来，既能提高团队的整体工作效率，又能收获

员工的感激和敬佩，可谓"一石多鸟"。

（二）培养一些业余的技能，并将其磨炼到专业的程度

有时候团队中存在精英级的员工，他们已经将工作相关的技能锤炼到宗匠的地步，领导想要在这方面超过他们，或者远超他们，确实也不太现实。这个时候，领导就可以培养一些工作之外的技能了，比如活动策划、组织动员、说史谈经等能力。

任何人在某一领域，如果能达到相当高的水平，都会让人心生敬佩。领导大可不必局限自己的思维，硬要在业务技能上"打败"员工，通过其他领域的深厚造诣，一样可以达成目的。并且，如果领导是个多才多艺的人，也有助于推动团队的和谐稳定。

最后，俗话说得好，"王有王道，将有将才"，不同的岗位，需要的是不同的能力。作为领导，我们可以有多元化的实力展现，不必钻牛角尖儿。业务技能不行，就努力提升我们的管理技能，总之，努力打造一技之长，这是建立领导力的基础。

有开放的思想和胸怀

当我们还是员工的时候,让老板知道我们有意愿去学习新技能,或承担一些可能超出我们职责的项目,是一件很重要的事。老板寻找的是适应性强、头脑开放的员工。因此,我们想要从员工晋升为团队领导,就应该保持开放的思想,切忌因循守旧。

诚然,很多时候,新晋领导的工作会受各种因素的制约,但能否适应已经变化了的工作环境,则是其中最重要的因素。在工作实践中,我们可以看到,任何团队都不可能一成不变,它总是处于一个不断变化的环境之中。环境变了,团队的战略、结构、观念等如果不能随之发生变化,组织就会失去其应有的竞争力,就有被淘汰的危险。

作为新任领导,角色的转换如果跟不上岗位的变化,就很容易受自己以往工作方式、工作思路等的影响,导致用老办法解决新问题,用旧思维考虑新情况。这种主、客观的不适应,会使组织逐渐失去活力,最终丧失发展的动力。

已过古稀之年的任正非,思想始终处于高度开放的新鲜状态,他最大的爱好是阅读和交流。他的阅读面非常广,从政治、经济、社会到人文艺术等,无所不包。他也很喜欢到世界各地去走走。在华为发展的近30年中,他走遍了全球绝大多数的国家和地区。

他见过发达国家的繁荣,也见过最原始部落的落后,与政治人物对

过话，也和僧侣苦行者论过"道"。他说："要敢于通过一杯咖啡，与世界上的大人物撞击思想。"

为什么是咖啡，而不是茶？因为茶更具东方韵味，而咖啡则是世界文化。在当今这个全球化的时代，只看到东方的一切显然是不够的，必须将眼光放到全世界。

马云说过："淘汰你的不是技术，而是落后的思想。"当今时代，每天都在发生巨大的技术革命，昨天的最强可能是今天的最弱，昨天的优势变成了今天的历史，新技术的冲击，远远超过大家的想象。不是技术落后让你被淘汰，而是落后思想让你被淘汰，不是互联网冲击了你，是保守的思想、昨天的思想、不愿意学习的惰性淘汰了你，自以为是淘汰了你。

在任正非看来，一个优秀的团队领导，要保持开放的思想，与时俱进，不断吸纳最新的知识、经验和理念。只有这样，团队才能一直走在时代的浪头，而不是被浪潮拍死在沙滩上。所谓开放的思想，就是敢于接受新的事物，新的理念；所谓开放的胸怀，就是不断去尝试新的东西，不畏惧失败和挑战。

能管好自己才能管好团队

美国现代管理学大师德鲁克说过,想要做好管理者的角色,最重要的不是管理能力,而是主动的自律。也就是说,一个真正的团队领导,必须先管好自己,才有可能管好自己的团队。

王先生是一家电子产品公司的经理,在公司里,他有很高的人气。几乎所有员工都非常尊敬他,更有人直言不讳,想转到他的手底下做事。同样,他所带领的团队中从来没有因为跟他闹矛盾而离开的员工。每年的全公司业绩排名中,他的团队总是第一。

人们很好奇,不知道他是如何管理团队的。在他们看来,王先生不是个严厉的人,也很少开长达几个小时的团队会议;每天布置工作时,也只是简单地说一遍就行。但就是这样的"放羊式"管理,却让他的员工们心服口服,更让整个团队都持续高效运转起来。

其实,答案很简单,那是因为王先生有强大的自律能力。他从不在员工面前表现出无心工作的样子,也从来不在工作时偷懒。团队聚会时,他也从来不会因喝酒而做出不堪入目的各种丑态。总之,他在员工眼中就是一个工作认真、体恤员工的好形象。

无论是对待工作还是生活,他都强调认真、专注和全身心投入,希望以此带动员工。正是他的这种自律,让员工们心服口服,自觉遵守他定下的制度,认真工作。

培养良好的自律能力,管好自己,是成为一名领导的基本素养。在某种意义上，团队领导的本质，就是先管好自己，成为所有员工的理想楷模。

为什么这么说呢？因为与被规范约束的执行者相比，管理者是资源支配权的拥有者，拥有更多的自由，理应承担相应的责任。比如在团队中，一个领导可能不必像一般员工那样按时打卡，但是需要对绩效和企业的营收负责，或许需要更多的加班，牺牲更多的休闲时间。

领导要管事务流程、管人、管资源，这是在行使权力，如果不能以更大的格局和视野看待自己的这种资源配置权力，还是止于一个普通执行者，被动接受制度规范的约束，那将是一个团队的不幸。这样的领导管理职位越高，资源支配权力越大，组织的灾难就越大。

对于每一个团队领导或即将成为团队领导的人来说，自由与权力都是充满了诱惑的玫瑰，它们无比芬芳却又暗藏危险，稍不注意就有可能被那些"尖刺"刺伤。因此，对于任何领导来说，管好自己都是最为要紧之事。那么，怎么做才能管好自己呢？

（一）以身作则，带头遵守团队纪律

很多领导抱怨员工不遵守制度，其实，在抱怨之前，我们最好先想想自己有没有遵守制度。有的领导只顾着让员工遵守，自己却随心所欲，又怎能叫人服气呢？

张伯苓任南开大学校长时，有一次看见一个学生抽烟，便说："吸烟对青年人身体有害，你应该戒掉它。"学生反唇相讥："你不也吸烟吗？"张伯苓当即将自己所存的吕宋烟全数拿出来，当众销毁，并表示再不吸烟。自此，张伯苓真的再没吸过烟。

领导既为团队之首,自然要身先士卒,以身作则。只要我们做出了好的榜样,员工自然也愿意效仿。再不济,当我们"依规处置违规人员"时,也可叫他无话可说。

(二)要有领导的仪态,不要放浪形骸

不管在任何地方、任何时候,只要领导和员工同时在场,那么这就是一个团队,是一个公共场所。我们可以和员工打成一片,可以和他们互诉衷肠。但有一点,领导绝不能在员工面前放浪形骸,毫不顾忌自己的仪态。领导太过随便,会滋生不良的风气。

有的领导一到酒桌上,就在员工面前展现什么"五魁手啊,六六六啊",再不然,就是公然做出不可描述之事。这类行为,接地气倒是接地气了,也很容易跟员工打成一片,但对团队而言,实在是有害无益。员工会产生这样一种想法:"看,原来这就是领导啊,学到了!"可想而知,这对员工的思想健康、团队的风清气正,实在有害。

(三)尽量展现"伟光正"的形象

这并不是主张虚伪,也不是提倡道貌岸然,而是传播一种正能量。诚然,每个人都会有自己不好的一面,比如懒惰、懈怠、好逸恶劳等。但作为领导,我们有责任、有义务引领团队向好的一面发展。因此,在员工面前,我们应努力约束自己不好的行为,传递真善美。这样一来,受到这种正能量的长期熏陶,整个团队的风气也会变得阳光、清爽。

总而言之，领导就是员工思想、行为的风向标，也是引领团队前进的舵手。领导只有做好了自己，成为一个"厉害"的人，才能得到员工的认同和信服，然后，众人才能齐心合力，团队这艘大船也才能走得安稳，走得坚定。

领导要有一颗强大的内心

一个人能力越大,责任就越大。作为一个团队的负责人,领导往往比员工承受着更多的压力,需要考虑更多的问题。比如,为提高员工的薪水发愁,为团队可能面临的危机发愁,为如何维持团队生存发愁,等等。很多新晋领导由于受不了这样的重压,几乎心理崩溃。

启飞在大学毕业后带领几个好兄弟一起创业,前半年收益不错,于是他们扩大规模,结果由于管理不善,在第二年年初就出现了重大的损失。

几个兄弟无法忍受这种失败,开始指责启飞"胡闹",害他们亏本,要求他立刻变卖公司,以拿回属于他们的那一份收益,然后大家分道扬镳。但启飞知道,只要能挺过这段时间,一切都会好转。可问题是,面对兄弟的责难,他很沮丧,想要放弃。

一个团队将会面临的问题,远远不止人们常见的那种来自外部的困难。有时候,领导还必须面对来自团队内部的质疑和反对。这个时候,领导如果没有足够强大的内心,就很容易被这种内部的质疑和反对击垮,从而造成团队的分崩离析。

就算大家都扛不住了,作为团队主心骨的领导也不能倒下。京东创始人刘强东当年面对公司资金链断裂,短时间内又找不到新的投资人,连让员工维持生活的基本工资都发不出时,他卖掉自己的房子、车子,带领团队渡过难关。

领导团队难就难在，你不是一个人在奋斗，你必须要让大家齐心协力，一起为你们的目标全力以赴，这期间会有很多矛盾、争议，也会有各种阻碍。要当团队领导，就必须做好承受高强度和高压力的准备，决不能在压力面前自己先缴械投降。具体来说，我们应该怎么做呢？

（一）"什么也不做"，坚持下去，日久强"内心"

此处的"什么也不做"，并不是让我们从此当一个懒汉，真的什么都不做，而是告诉我们要坚持下去，不要惧怕挫折，遇到的挫折多了，内心自然就强大了。

有的新晋领导，稍一遇到挫折，就自觉对不起员工，对不起团队，更对不起上司的辛苦栽培，连忙引咎辞职。他们看似敢于承担责任，实际上却是在逃避责任。为什么要引咎辞职？一个真正的领导，是绝不会这么做的，他会整兵再战，以弥补错误。

所以说，很多时候，我们大可不必去求神拜佛，寻找强大内心的方法就是"什么也不做"。在我们当前的轨迹上坚持下去、努力下去，如此内心自然会强大。

（二）多和那些跟自己不对付的员工相处

当下流行一种"直播文化"，主播们透过屏幕与观众们交流。不可避免的是，每个主播都会遇上一些不友好的观众，然后双方你来我往，或是互相伤害，或是力求和解。但不管是哪一种形式，凡是遭遇过这些观众的主播，都会取得巨大的成长，他们不再害怕有人攻击他们。即使场面再尴尬，他们也能淡定自若地完成自己的表演。

这就是心灵强大的直观体现——"任尔东西南北风",我自"咬定青山不放松"。领导也可以效仿此法,多和那些跟自己不对付的员工相处。当然,不是让我们和对方打架,而是慢慢地通过交流让彼此更了解对方。在此过程中,我们的内心自然会强大起来。

总之,任何一个团队的发展和运行,都有可能遭遇各种各样的困境和难关,想要带领团队,我们就必须先强大自己的内心。只有当领导的心灵足够强大时,团队才不惧任何挑战,员工也才会对团队生出信心和依赖感,不再畏首畏尾。

妥协要有原则

很多人当上团队领导后,容易生出"唯我独尊"的心思,容不得团队中有敢于质疑自己的声音,与员工发生争执也总是强势进攻,毫不妥协,希望压倒对方。

俗话说:"领导者只有给别人台阶下,他们自己才会有台阶下。"如今早已不是茹毛饮血的远古时代,不必为了一个小小的争执就上演"村斗"或"灭族之战"。在工作实践中,领导应该正确地认识妥协的作用,一切以团队的利益为重。

学森从小就比较好强,与人发生争执,不分出个输赢决不罢休。这种性格让他在工作上取得了不俗的成绩。比如,他和同事跟进同一位客户,大多是他取胜。然而。当他当上经理后,这种情况就变了,因为过于强势,不懂妥协,他吃了不少苦头。

比如有一次,他交代一项工作给新来的员工。由于任务难度较大,新人未能完成。他火冒三丈,将对方狠狠地训斥一顿。新人也是个急脾气,就跟他顶了起来。

这种情况下,如果是经验老到的经理,大多都会妥协,先让新人冷静一会儿。毕竟,年轻人做事很多时候是冲动的,容易将事情闹大。但学森不懂,眼见员工跟自己顶嘴,更是气急,说话也就更重。结果可想而知,两人大打出手,闹进了医院。

事后，新人被辞退，学森也被上司狠狠地训了一顿，并记了大过，留岗察看半年，其间不得晋升。有了这次教训，学森开始长心眼儿了，再遇到这种事，哪怕气得要死，也会先做让步，再行解决。果然，在之后的工作中，再没有发生过类似的事。

人的面子是彼此给予的，你给我面子，我才给你面子。在任何团队中，都必定存在性格刚烈、不惧领导的员工。面对他们，如果领导不懂妥协，一心想要压过对方，最有可能的结果就是"针尖对麦芒"，大家谁也不会好过，这对团队来说并不是好事。

更何况，领导肩上担负的责任，往往比员工更大，需要考虑的事情也更多。如果不懂得妥协，一旦彻底"激怒"员工，使他们生出"不顾一切也要破坏领导工作"的心思，对于团队来说，将面临一场可怕的损失，而对领导来说，结果也是灾难性的。

俗话说，刚者易折。从大局出发，以团队利益为重，在必要的时候做出适当的妥协，以维持团队的稳定与和谐，是所有领导务必掌握的技能。员工与领导发生争执甚至是对抗，是很常见的事。因此，妥协就成了团队中的常态，要么员工妥协，要么领导妥协，总有一方需要做出让步。

当然，所谓"妥协"，并不是让领导们无底线、无立场地妥协，而是要有原则地妥协。作为团队领导，在一些原则问题上是断然不能让步的，比如对团队制度的遵守、对团队文化的认同以及对团队形象的维护等。妥协是为了能更好地管理，而不是让某些人为所欲为。在这一点上，所有领导都必须把握分寸。那具体应该怎么做呢？

（一）学会换位思考，寻找更"和平"的解决方法

发生争执的时候，适时地站在员工的位置和立场上想一想。大多数情况下，他们出现失误甚至犯下错误的初衷是好的，是从工作利益出发的。工作中，领导要对那些听不顺耳、想不顺心的话，还有那些看不顺眼的事多一些理解和宽容，对员工多一些体谅。很多时候，冲突在于彼此的不理解，站在对方的角度，也许我们的愤怒就会少一点儿。

（二）因为工作而产生的争执，领导可适当妥协

有时候，领导说这个任务应该这么去完成，员工却认为用另一种办法更合适。两者争执不下，由此产生矛盾。其实，在这种情况下，领导能说服员工最好，如果不能说服员工，也不必争执，领导不妨妥协一步，先让员工按照他自己的方法完成工作。

等到他的方法失败或即将失败的时候，领导再从旁指导，大家协力完成。如此，既能确保工作被完成，避免团队的损失，也能消弭员工和领导之间的冲突，维护团队和谐。更重要的是，这还能提升领导在团队的威信，使员工真正对领导心服口服。

（三）因生活而起的矛盾冲突，领导不能公报私仇

很多领导因为私事或生活琐事与员工发生争执，觉得自己身为领导的面子被"削"，想利用职权之便报复回来。这样做的结果往往是寒了员工们的心，将自己与员工隔离开来，最终名声败坏不说，还让团队也发展不下去，可谓是因小失大，得不偿失。

面对这种矛盾冲突，领导应该把自己放在一个普通人的位置，和员

工有理说理，千万不能借助职位之便，公报私仇。面子只是小事，团队的和谐才是最关键的。如果妥协让步能够消除员工的怒火，使彼此重归于好，那么领导就应该毫不犹豫地去做。

妥协不是认输，更不是低头，而是一种缓兵之计，一种以退为进的策略。通过妥协，让彼此都能从剑拔弩张的状态冷静下来，平复心情，然后寻找更好的解决办法，这才是领导管理能力的最佳体现。只顾着一味"强攻"，那是莽汉而不是领导。

领导要起到良好的带头作用

有道是,百言不如一行。作为一名团队领导,所有的成员都把目光集中到我们身上,在这种情况下,言语上的说教远不如以身作则来得有效。要知道,员工所关心的永远是领导在做什么、如何做,而非领导的报告做得有多么好,口才有多么棒。

日本著名企业家松下幸之助说过,要想提高商业效益,首先老板就要以身作则,起好带头作用;否则,光靠口头上的话语是不够的,此之谓禁胜于身则令行于民矣。有道是,正人先正己,想要管好员工,领导就要先做好自己——示范的力量是惊人的。

当好一个领导不容易,要培养出自己的威信,让员工觉得我们是可靠的、值得信赖和信服的,更不容易。在一个团队中,员工往往会将管理者的行为作为自身的参照物,以此作为自己的风向标。试想,如果身为领导的我们都做不到严于律己,上班迟到早退,做事没有激情,员工会怎么想?当然是有样学样,甚至理所当然地懈怠了。

我们常常见到这样的景象,会议上领导大讲特讲某项任务的重要性和紧迫感,号召大家加班加点,要求尽快完成任务。然而。他自己却不愿身先士卒,该几点下班几点下班,有事没事还迟到早退,工作时也漫不经心。结果,员工不满,也跟着敷衍了事。

更严重的是,如果这个时候领导对员工进行教育批评,员工根本不会听。他们会说："凭什么我们忙死忙活，你却在一边偷懒，你有什么资格说我们……"一旦领导自己的言行无法起到示范的作用，发挥榜样的力量，那么，就连批评员工的底气都没有。

美国大器晚成的女企业家玫琳凯说过："称职的管理者应以身作则，因为人们往往有模仿经理工作态度和修养的习惯，而不管其工作态度和修养是好还是坏。一个常常迟到、吃完午饭后迟迟不回办公室、打起私人电话来没完没了、不时因喝咖啡而中断工作、眼睛一天到晚总盯着墙上的挂钟的经理，大多数时候，他的部下也会这么做。"

因此，想要当好一名团队领导，让员工愿意服从我们的命令，愿意跟随我们，除了需要有相应的工作能力之外，我们还必须努力使自己成为一个可靠的、严于律己的、能以身作则起带头作用的人。如此，员工才会信服我们。那么，具体应该如何去做呢？

（一）要有自我管理的能力，进行自我约束

在办公室里，再没有比"领导说是一套，做又是另一套"更令员工感到反感的事了。比如，明明刚在会议上说要勤俭节约，结果一转身又乱用公款消费。这样的领导，可想而知，他所制定的所谓"勤俭节约"的规矩，将是何等缺乏说服力。

我们只有善于自我管理，将我们自己的言行都约束在公司的规定制度之内，如此员工才会信服我们的批评，我们也才有资格、立场去指导他们应该如何做。

（二）谨慎开口，不要瞎承诺，说到一定要做到

很多团队领导喜欢空口说大话、瞎放炮，比如脑门儿一拍，就说道"我

们今年的目标是……要超越以往……大家加油啊""好好干，下次就提拔你了"……

结果，目标定得太高，承诺来得太快，到了时候却完成不了、兑现不了。这对团队的士气，对员工的积极性都是巨大的打击。久而久之，大家就会觉得完不成目标也没什么，领导的话都是忽悠人的……如此，我们的威信也就降低了，员工也就不信服我们了。

所以，任何时候，不管我们有多兴奋，抑或多颓丧，一定要注意自己的言行，不能说得太"假大空"，以至于无法实现；也不能说得太保守，会打击员工的自信心和积极性。

说到底，任何一件工作的完成，又或者一项制度、规定的实施，只有当领导自己积极参与时，才能真正带动员工的责任心，并以之为榜样要求自己。总之，身体力行，说到做到，起到良好的示范带头作用，是一个优秀团队领导必备的品质。

领导要养成检查的习惯

IBM 公司前 CEO 路易斯·郭士纳曾经提到："员工只做你检查的工作，不做你希望的工作。"这句话是什么意思呢？很简单，就是告诉我们：实际工作中，对员工的工作结果进行检查，非常重要。检查的目的不是为了训斥员工，而是为了及时发现问题，规避错误。

我们经常可以见到这样的场景：平时看上去极为能干的员工对老板说："都是多少年的老员工了，老板您还不相信我？放心吧，交给我没问题的！"于是老板就拍着员工的肩膀说道："好，这件事你就看着办吧！"结果，事情被搞得一塌糊涂。

三年前，岩峰和明义一起进入一家公司工作。经过三年打拼，岩峰成为经理，明义成为他手下的一名精英员工，两人合作默契，令人称道。

然而，岩峰最近却很苦恼，为好友明义而苦恼。原来，一个月前，岩峰曾交给明义一项任务。该任务较为艰巨，需要两到三个老员工才能搞定，但限于他刚晋升不久，组里老员工的人数严重不够，最后不得不交予明义，让他一个人来完成。

明义当时也一拍胸脯答应下来，有鉴于两人的关系，岩峰也就没有考虑事后检查的事，完全放心地让明义自由发挥了。谁承想，就是这一次放手，给他惹出许多乱子。经上面的领导检查核实，这项任务完成得非常糟糕，必须得重新再做一遍。

因为是岩峰领的任务，自然，大领导将他骂了个狗血淋头。岩峰自己也反思，他认为自己应当负一定的责任，没能严格检查好友的工作情况，以致犯下错误。

再三考量之后，岩峰决定仍然让明义来完成这项任务，不过，这一次，他狠下心对整个工作进度进行了严密的监督和检查。结果，这一次的效果大受赞赏。

王石先生说过："用人首先要疑。"他口中的"疑"，并非对人的怀疑，而是对一个人必定会犯错的预估。美国西点军校也有这样一种观点，认为人免不了犯错，所以需要制度来约束和监督。换言之，对于交给员工的工作，我们必须靠制度检查来规范和考核，才能尽量保证其效果。一旦暴露在检查范围之外，那么，员工的效率就充满了不确定性。

不可否认的一个事实是，人都有惰性，一旦管理者放松检查，员工就会不自觉地放松要求，时间长了，自然养成了松垮的风气，执行力就会大打折扣。调查显示，大多数公司里，自觉工作的人只有20%，60%的人靠监督，还有20%的人很难独立完成工作。

此外，经济学中有个"劣币驱逐良币"的理论，其实在团队中也一样适用。如果对那些表现不好的员工采取放任的态度，久而久之，就会助长这些人"懈怠者"的气焰，打击那些工作热情高的员工。从长远来看，忽视检查环节，是对整个团队的不负责。

因此，当领导布置完工作后，接下来要做的就是检查。只要领导养成检查的习惯，及时发现问题，及时指导改进，员工的工作就会越做越细、越做越精，工作质量就会步步上升，员工的执行力才会不断增强。可以说，检查是提高团队效率最有效、最科学的武器。

不过，检查是一种科学的管理方法，并非对员工的刻意"挑刺"。所以，拿着放大镜去检查或带有偏见地核实员工的工作情况，是极其不明智的，会对员工造成极大的伤害。作为团队领导，我们应该客观理性地进行工作检查。那么，具体该怎么做呢？

（一）检查要及时，对工作进度进行追踪

追踪工作进度时，大致要注意这几个方面：首先要了解工作任务的详细情况，衡量工作进度及结果；评估结果，并与工作目标进行比较；对员工的工作进行辅导；如果在追踪过程中发现严重偏差，要找出和分析原因；采取必要的纠正措施，甚至变更计划。

（二）采取"上下结合"的检查模式

所谓"上下结合"，是指团队领导在进行检查时，必须和广大基层员工联系在一起。毕竟，对工作中的各个细节以及有可能会出现的问题最为了解的人，还要数这些基层员工。因而，通过这种上下互动的方式，领导可以获得更精确、更及时有效的信息，同时将自己的命令和要求精确地传达到一线，高效地进行信息交流。

（三）检查工作时，要赏罚分明，不刻意回避

既然是检查工作，领导就不能三缄其口，沉默以对。遇到做得好的地方，值得嘉奖的员工，就要予以表扬或是奖励，以此更好地调动他们的积极性；反之，遇到做得不好，甚至是做错的地方，就应该根据公司规定，予以批评或严厉的处罚，以体现公司的公正、公平。当然，领导在这一方面要把握好尺度，实事求是，不能带有主观色彩。

（四）检查要细致，不能走马观花

说白了，对工作情况进行检查，就相当于是在重复工作的整个过程，是对工作结果合格与否的一次审视。如果在这个环节上疏忽大意了，那么很可能让整个团队、所有员工的辛苦努力白费，前功尽弃。作为团队领导，我们一定要对整个团队负责，在进行工作检查时，一定不能草草地对待。只见树木，不见森林，蜻蜓点水式的检查是绝对要不得的。

总之，检查就是执行力，检查才能有结果。一个现代化的、科学的团队，靠的永远不是拍胸脯式的口头承诺，而是有效的规则和制度。有了检查，一切就处在阳光之下，不用遮遮掩掩，也便于领导管理。故而，作为管理者，一定不能忽视检查的作用。

领导应具备利益共享的意识

企业做大了、赚钱了，富的却只有创始人一个，团队的其他人还是原来那样，你让他们怎么想？利益共享这个话题，大家都在谈，但有几个人真舍得去共享呢？

事实证明，那些不舍得与下属分享的团队领导，都没有走远。而选择把财富散出去的团队领导，很多成了著名的企业家。

微软执行的是"人人有福利"财富分配方案。微软有员工4万余人，人均年薪近11万美元。除此之外，微软还给员工免费提供各种保险、运动设施，还提供音乐会、展览馆的门票——只有和员工分享企业财富，才能真正留住他们的心。

作为团队领导，其财富观决定着企业的未来。如果你只是想改善自己的财务状况，那你至多成为一个公司的头儿，靠剥削团队成员的剩余价值为生，或许能富，但走不了太远。

真正有远见的团队领导不会把赚钱看成唯一目的，他们把钱看得不那么重要，所以他们才愿意分享。只有利益共享，才能激发团队的工作热情，让他们为了企业的最终目标奋斗。

有记者采访华为总裁任正非："华为为什么不上市？"他的答案是："因为我们把利益看得不重，就是为理想和目标而奋斗。守住'上甘岭'是很难的，还有好多牺牲。如果上市，股东们看着股市那儿可赚几十亿元、

几百亿元，逼我们横向发展，我们就攻不进'无人区'了。"

有人评论华为的成功依赖的是政府的支持，靠的是机会，实际上，任正非真正的后盾是他后面的15万华为员工。他采用了中国企业中史无前例的奖酬分红制度。他本人所持有的股票只占了1.4%，98.6%的股票都归员工所有，这是华为式管理向心力的根源。

作为团队领导，最忌讳在企业成功之后就产生了一种"一览众山小"的错觉，就不再把员工的付出当回事，甚至产生"谁不想干谁走人""反正企业做大了不怕招不到人"的想法。这种短视行为会让团队成员寒心，进而离你而去。

当然，利益共享也不只是成功之后才能做的事，团队领导很早就应主动培养自己的分享意识。当你登上什么颁奖台、发布会，除了强调自己创业多么艰难、危急时刻如何力挽狂澜，也不要忘记感谢团队、感谢奋斗在第一线的员工，是他们和你一起冲锋陷阵，才有了你今天的光芒万丈。

第十二章 改正不足,让交往畅通无阻

刚参加工作的人一定要经历一个少说多做的阶段,在这个阶段里,你可以熟悉情况,积累经验,加强学习,弥补不足。逐步你会与领导和同事建立起良好的人际关系,成为他们的一部分,你再说话则会显得有分量得多。

勇于接受别人的建议与批评

当别人的见解和看法与自己不同却更合理时，要善于接纳别人的建议，修正自己的观点。

金无足赤，人无完人。任何人都有犯错误的时候。犯错误不要紧，要紧的是犯了错误，却不听从别人的建议。只有虚心接受别人的建议，才能从中汲取对自己有益的东西，取得更大的进步。

要善于听从别人的建议和忠告，说起来容易，做起并不容易。因为每个人的身世、学历、环境、性格都有所不同，这样就导致了每个人信念的异同。固执己见的悲剧，在于它阻止了成长、进步和充实自己。它使我们自认为十全十美，但事实上，世界上没有人永远十全十美。我们的意见可能是错的，应该有"闻过则改"的雅量，只有肯听别人的想法，接受别人的建议，才能取得进步。

例如，在团队中，固执己见的管理者只会让企业走进死胡同。当今国际市场环境复杂多变，只有善于反思和调整，勇于接受别人的建议，甚至是别人的批评意见，企业才能够跟上发展的节奏；只有能够快速适应环境变化的领导者，才能带领整个企业快速前进。

在接受别人建议时，需要注意以下几点：

（一）站在对方的角度

一定要先把自己的想法抛开，站在对方的角度来思考这些建议和意见的根源，不要直接排斥别人的意见和建议。

（二）让对方说明提意见的理由

有些人在给别人提意见时，含混不清，虽然说了一大堆，但很难让人明白他具体在说什么。如果碰见这样的人，你应该客气地让他讲明提出这种意见的理由，最好能讲出具体的事件。这样做可以使自己更加清楚地明白自己在哪些方面还存在问题和不足。另外，还可以让无中生有的人知难而退。

（三）不要猜测对方批评的目的

在接受批评时，不应该妄加猜测对方批评的目的。如果对方有理有据，对方的批评就应该是正确的。你应该将注意力放在对方批评的内容上，而不要去怀疑对方批评的目的。如果让对方体察到这些情况，对方可能不再会对你进行批评。久而久之，当你出现问题时，也不会有人站出来提醒你。这种结果往往是很悲惨的。

（四）不要着急发表意见

有些人性情比较暴躁，或者不太喜欢听别人的意见。这时如果有人向他们提出批评，他们的第一个反应就是去反驳。当即反驳并不能使问题得到解决，相反，可能还会使矛盾激化。当对方提出批评意见时，你应该认真地倾听，即便有些观点自己并不赞同，也应该让批评者讲完自己的道理。另外，你应该很坦诚地面对批评者，表现出很愿意接受批评的态度。

少说话，多做事

在工作中少说为佳，要多听听别人是怎么说的，多去做点实际事情。在职场中，一定要谦虚谨慎，最好是少说话，多做事。

"少说话"，是因为你的想法可能有不少漏洞或者不切实际之处，说出的话很可能会伤害到某一个人，急于求成反而可能引起别人的反感。当然，这里的少说话不是让你成为哑巴，该说的还得说，该请教同事的还得请教，否则就是木讷呆板了。你要给别人诉说的机会，而自己甘做一个好的听众。

"多做事"，勤奋努力，你会给大家留下很好的印象。当然千万不要抢别人的事来做，这样会引起别人反感。多做一些对他人有利的事情，比如服务性质的，能加强跟别人情感的联系。想得到大家的认可，应把自己的精力放在能力的提高上，去赢取别人情感上的认可，只有这样，你才能在工作中长期与大家和平共处。

其实，你只要是个有心人，可以从最基本的打扫卫生、整理文件、接听电话做起，为领导或者其他同事做些辅助性工作，比方说打印材料、填写一些简单表格等。此外，别人都推脱不干的事，自己要主动接过来做，这样就能容易融入同事圈中，得到领导或者同事的赏识。

如果你刚到一个新单位，没有足够熟悉的朋友向你介绍单位的具体情况，你千万不要急于行动，不必急于"融入"集体中，也不必急于讨好大家，这样会适得其反。新人对工作的实际情况不太了解，言多反而自显其陋。

有的人刚参加工作，热情比较高，兴趣也较为浓厚，对工作上的事情爱发表意见，但又因经验不足而说不到点子上，只能是暴露自己的幼稚无知。所以，刚参加工作的人一定要经历一个少说多做的阶段，在这个阶段里，你可以熟悉情况，积累经验，加强学习，弥补不足，从而使你原有的理论基础与所从事的工作紧密地联系起来。到这时，你会与领导和同事建立起良好的人际关系，成为他们的一部分，你再说话则会显得有分量得多。

"多做事"，要求本职工作必须做好，而且还要多做，这样会让你尽可能多地了解工作中的各种现实情况及细节，避免幼稚的举动，也容易赢得领导和同事们的好感。没有哪个领导不喜欢那种踏实肯干、任劳任怨的下属。多做还可以点点滴滴地去积累自己的工作经验，为自己的成长、成熟并进一步做出一番事业打下坚实的基础。

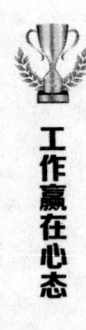

上司发火时不要当面顶撞

上司也是人，也有心情不好的时候，有时难免会发火。作为下属，当面顶撞上司的发怒行为是不理智的。

李强在一家商贸公司工作。一天，公司经理由于与外商谈判进行得非常不顺利，本来谈妥的事情又中途变卦。当他怒气冲冲地回到办公室，见到办公室乱七八糟，心情更加烦躁，不分青红皂白就大骂起来。此时，李强正在不紧不慢地看报纸，以为领导是冲着他来的，加上平时就觉着领导好像对他有意见，心想：自己的工作做完了，看会儿报纸还挨臭骂。于是与经理争吵起来。另一位同事连忙过来，向经理问明了情况，经理此时也有些醒悟过来，直言对那位同事说："心情不好，不好意思。"但对李强却悻悻然，感到李强不懂事。

在领导发火时，要么采取不理不睬的政策，要么就主动上前，给他分忧解愁，切不可当面顶撞，那样是最不理智的。

因为如果你敢当面顶撞上司，会让上司非常难堪，也会有人学你的样子继续去和领导对着干，长此以往，领导就没有什么威信可言。另外，我们也应这样考虑问题：你敢顶你的上司，你的下属也会和你顶撞，这样你会有什么感想？所以，即使领导再不对，也要讲究方式方法沟通、解决。

当然，公开场合受到不公正的批评、不应该的指责，会给自己难堪。特别是当你觉得上司的指责很没有道理的时候。在周围同事众目睽睽之下，你可能会为了自己的面子，失去冷静，反驳上司的批评以显示自己的无辜。这样的一时的快意"英雄"壮举，换取的可能仅仅是同事的一丝同情，留给上司的却是加倍的震怒和斥责，最终受害的还是你自己。

俗话说："忍一时风平浪静，退一步海阔天空。"把上司的一顿责骂就当是一场暴风雨，风暴过后自会平息，你又不曾损失什么，何不审时度势，选择回避。一名合格的下属就要学会压制自己的情绪与冲动，理智地看待是非，特别是在上司面前。

你可以一方面私下耐心做些解释，另一方面，用行动证明自己。当面顶撞可是不明智的做法。既然你都觉得自己下不了台，那反过来想想，如果你当面顶撞了上司，上司同样下不了台。如果你能在上司发其威风时给足他面子，起码能说明你大气、大度、理智、成熟。只要上司不是存心找你的茬，冷静下来他一定会反思，你的表现一定会给他留下深刻而难以磨灭的印象，他的心里一定会对你有歉疚之情。

另外，要想避免顶撞上司，平时可以寻找自然活泼的话题，令上司有机会充分地发表意见，你可以适当地做些补充，提一些问题。这样，上司便能自然而然地认识你的能力和价值。不要用上司不懂的技术性较强的术语进行交谈。否则，上司会觉得你在故意难为他，也可能觉得你的才干会对他的职务造成威胁，从而对你产生戒备，有意压制你。

毫无怨言地接受任务

毫无怨言地接受任务，就是不找借口，快速认真地依从上级指令完成任务。

相信你一定遇到过这样的问题：自己整天忙忙碌碌，忙前忙后，可是就没人注意到你；自认为工作能力强，很有见解，可总是得不到上级赏识。其实，从某种意义上来讲，导致这种情况的原因很多，所以就需要从多方面来改变这种状况。社会在发展，公司在成长，个人的职责范围也随之扩大。不要总是以"这不是我分内的工作"为由来逃避责任。当额外的工作指派到你头上时，不妨视之为一种机遇，毫无怨言地接受任务。

人不要太斤斤计较。因为你在一个地方付出了，就一定会在别的地方得到回报。

例如，在职场中，一个公司的成功要靠全体的努力，你要毫无怨言地接受任务。最完整的人事规章，最详细的职务说明书，都不可能把人应做的每件事讲得清清楚楚，有时会临时出现一些事，下属会临时接受一个工作任务。例如公司一位重要的客户要过来，为表诚意，公司要派人去接他，这是临时的事情，如被派的人是你，假如你说："凭什么要我去？我已经下班了，当时我来时，你们也没有讲过我要做这些事？"那只能证明你这个人爱斤斤计较，你在一个单位里是很难出头的。你要一口答应，一肩挑起，而且要毫无怨言。有时候上级也有难处，这种任务如果你毫无怨言地去做，你的上级会非常感激你，他即使当时不说，也会利用另外的机会表扬你，奖励你，回报你。

应把上级给你下达的任务看成是上级的考验和栽培，这也是表现你工作能力的时候。不管你接受的工作多么艰巨，你都要学会苦中求乐。即使鞠躬尽瘁也要做好，让上级满意。千万别表现出你做不来或不知从何入手的样子，这样上级会认为你没有能力，重用不得。

例如，一家公司推出一种新产品，需要销售人员配合市场人员，到第一线去了解客户对新产品的使用情况、需求状况和满意度，以及竞争对手的反应，并调查是否有替代品的出现等信息。然而，销售人员一个个消极怠工，根本不按公司的要求去了解和收集信息，并振振有词地说："我们的工作就是销售产品，如果再花时间收集市场信息，销售任务如何完成？"

销售人员最主要的任务是销售产品，这点没错。但绝不是蒙着眼睛瞎撞，而要"眼观六路，耳听八方"，随时掌握市场、客户、竞争对手的情况，并有义务和责任将这些信息第一时间反馈给公司，使公司及时调整和制定策略，以应对市场变化，从而有效地促进销售工作。毫无疑问，公司制定的任何策略，下达的任何任务，都是有指向、有目的、有原因的。如果实施每个任务时，下属都不能痛痛快快地去落实，公司的计划就无法实施，目标就不能实现。

在下属和上级的关系中，下属毫无怨言地接受任务是天经地义的。不讲条件，不问原因，不计较报酬，不折不扣地落实完成；无论遇到什

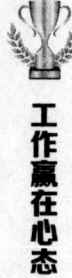

么困难，遇到多大阻力，都应恪尽职守，想尽一切办法达到目标。下属服从上级的安排，是上下级开展工作、保持正常工作关系的前提，是融洽相处的一种默契，也是上级观察和评价自己下属的一个尺度。所以，作为下属，当领导下达给自己任务时，应该毫无怨言地接受。

不给自己找任何借口

"没有任何借口",是沟通中最有效的语言,也是激励自己最有效的语言。

西点军校里有一个广为传诵的悠久传统,就是遇到军官问话,只有四种回答:"报告长官,是!""报告长官,不是!""报告长官,不知道!""报告长官,没有任何借口!"除此之外,不能多说一个字,这才是最有效的沟通方式。有统计表明,第二次世界大战后,在世界500强企业中,西点军校培养出来的董事长有1000多名,副董事长有2000多名,总经理、董事一级的有5000多名。任何商学院都没有培养出这么多优秀的经营管理人才。

"没有任何借口"是西点军校奉行的最重要的行为准则,它强化的是每一位学员想尽办法去完成任何一项任务,而不是为没有完成任务去寻找任何借口,哪怕看似合理的借口。其目的是让学员学会适应压力,培养他们不达目的不罢休的毅力。它让每一个学员懂得:工作中是没有任何借口的,失败是没有任何借口的,人生也没有任何借口。

在做事方面,不给自己找任何借口,看起来有点缺少人情味,有点虐待自己的感觉,但这的确可以激发一个人的潜能。无论你是谁,无论你做的是什么事,失败了也罢,做错了也罢,都不需要为自己找任何借口,因为再妙的借口对于事情本身也不会有什么改变。相反,不给自己找借口,可以让自己拥有毫不畏惧的决心、坚强的毅力、果断的执行力，以及在限定时间内去完成一项任务的信心和信念。

平时不要抱怨外在的一些看起来对自己不利的条件。要知道，当我们抱怨的时候，实际上就是在为自己找借口。找借口的唯一好处就是可以安慰自己："我做不到是可以原谅的。"但这种安慰是有害的，它会暗示自己："我克服不了这个客观条件造成的困难，算了，我放弃了。"在这种心理暗示的引导下，人就不再去思考克服困难和完成任务的方法，哪怕是只要改变一下角度就可以轻易做到的事情。不给自己寻找借口，是获得成功的必备心态。

但是，在生活和工作中，我们经常会听到这样或那样的借口。借口在我们的耳畔窃窃私语，告诉我们不能做某事或做不好某事的理由。上班迟到了，会有"路上堵车""手表停了""今天家里事太多"等借口；业务拓展不开、工作无业绩，会有"制度不行""政策不好"或"我已经尽力了"等借口；事情做砸了有借口，任务没完成有借口。只要用心去找，借口无处不在。做不好一件事情，完不成一项任务，有成千上万条借口在那儿等着你。借口就是一张敷衍别人、原谅自己的"挡箭牌"，就是一副掩饰弱点、推卸责任的"万能器"。有很多人都把宝贵的时间和精力放在了如何寻找一个合适的借口上，而忘记了自己的职责和责任。

在遇到问题或接到任务后，我们不应该寻找各种推脱的借口，应该大声说："我没有任何借口！"这一句话，胜过与人沟通或争辩的千言万语。

第十三章 尊重对手，让他成为你的朋友

一个人如果没有对手，就会甘于平庸；一个群体如果没有对手，就会因为在潜移默化中相互依赖而丧失活力和生机；一个行业如果没有对手，就会丧失进取的意志，因为安于现状而逐步走向衰亡。当你决定把对方看成朋友，当你用善意回应对方时，对方的敌意也会像冰雪那样在阳光下消融。请牢记，消灭敌人最好的办法就是让他成为你的朋友。

对手有时也是自己的帮手

敌人的存在可以让我们看清自己,生活中缺少了对手,就好比在大海上航行却失去了罗盘。

与势均力敌的对手竞争,一次次的角逐,一次次的成败,都是走向成功的必经之路。因为有了对手,我知道了"以人为镜,可正衣冠",学会了"取长补短",明白了对手在自己前进过程中的巨大作用。

王丹和王燕都是研究生毕业。王燕比王丹早毕业两年,也比王丹早到农业局工作,她出身于书香门第,毕业的大学也比王丹的更有名气。王丹在农村长大,也许是自知起点不高,加上自幼勤奋好学,王丹工作比较认真负责,所以很快就得到了领导的赏识。3年后,王丹被提拔为副处长,而王燕仍是普通职员。王燕很不服气,多次找领导提意见,但领导始终无动于衷。

随后,王燕总是和王丹对着干,还经常在领导面前说王丹的坏话。她总认为王丹和领导有什么私人关系。一年春节后,她问王丹某天下午是不是去给领导送礼了。王丹只是微笑着告诉她自己去看望了导师,但她似乎并不相信。

令人欣慰的是,王丹能从另一个角度看待自己与王燕的关系。她认为,正是因为在工作中有王燕这样一个时刻监督自己的人,她才会在工作中格外注意,才会在担任副处长不到两年的时间里被评上副高的职称,随后被任命为处长。这段时间里，王燕仍然只是普通职员，两年之后，王燕才被评上副高的职称。

后来，王丹被调到另一个局任职，王燕这才发现有王丹这样一个工作上的伙伴对自己是多么重要。她甚至对其他的同事说，王丹其实"很不错"，很希望能再和王丹做同事，还说王丹走了，她找不到对手，工作起来很没劲。当然，王丹也很感谢王燕这个对手。是王燕的监督让王丹不敢放松，不断进步，取得了骄人的成绩。

我们应该对我们的对手感恩，为他带给我们的成长而感恩，不论是失败还是胜利。

当然，也有人害怕对手。但害怕回避不了现实，不管你是无视对手、否认对手，还是侮辱对手、躲避对手，对手始终存在。而且，越是轻视和躲避，对手成长得越快。

雅典奥运会跳水男子三米板冠军彭勃在赛后接受记者采访时说："我特别感谢两个人，一个是队友王克楠，一个是对手萨乌丁。如果今天没有王克楠到场给我鼓舞，我的金牌就不会拿得这么顺利。我之所以要感谢萨乌丁，是因为没想到他今天发挥得这么出色。他这么大的年龄还那样拼搏，这刺激了我更努力地去比赛。"

对手是压力，也是动力。对手给自己的压力越大，由此而激发出来的动力也就越大。对手之间，是一种对立，也是一种统一。双方相互排斥，又相互依存；相互压制，又相互刺激。尤其是在竞技场上，没有了对手，也就没有了活力。

一个人如果没有对手，就会甘于平庸；一个群体如果没有对手，就会因为在潜移默化中相互依赖而丧失活力和生机；一个行业如果没有对手，就会丧失进取的意志，因为安于现状而逐步走向衰亡。

　　许多不明白这个道理的人，都把对手视为心腹大患，恨不得马上除之而后快。其实，能有一个强劲的对手是一种福分。他会让你有危机感，让你有竞争力，促使你不得不奋发图强，不得不革故鼎新。

以积极的心态面对挑战

人生，就是一个不断确立目标和实现目标的过程，在这一过程中，每一步的前行都离不开与对手的对决。很多人认为，看一个人的身价，要看他的对手。好的对手可以让你找到自身的不足和差距，让你通过学习弥补自身的欠缺和不足，在不断的摔打和磨砺中完善自己。

姚明说："我们不会选择对手，我们只会见一个打一个，见一个拼一个，打出我们的气势，打出我们国人的精神，全力以赴打好每一场球。我们不选择对手，因为在你选择对手的同时，你已经是别人的对手了。我们不怕对手，因为只有在强大的对手面前，才能激发出你的斗志，使你不断地超越自己。"

王新调到下属子公司做部门负责人，但不知为什么，主管并不欣赏他，总在暗处排挤他，一些他应该参加的活动，总是会被"不小心"地遗漏掉。对此，他感到很恼火。在经过几次收效甚微的沟通之后，他改变了策略，调整好心态，努力完善自己。在主管给自己拉帮结伙的时候，他钻研业务，调研市场，寻找工作中需要完善的地方，充分掌握行业内的最新动态；主管带领一班人马去吃吃喝喝时，他就自己找一个更好的地方独自享受，以排解自己内心的孤寂。主管分配给他的工作，总是别人挑剩下的，他不生气；主管在他不知情的情况下带着他的下属出差，他不生气；主管在总结工作时故意弱化他的成绩，他不生气。他始终以积极的心态面对挑战，不断进取，不断超越自己。

一年以后，他向总裁提交了一份完善的工作改进计划，得到了总裁的赏识，总裁重用了他，他成为了新的主管。而那位不断给他找麻烦的原主管则因过分注重权术而疏于业务，被迫另谋高就。

后来，王新说，他刚到这个公司时只想做好自己的分内事，但那位主管的举动刺激了他，激发了他想要做得更好的勇气，这才使他有了今天的成就，否则，他只会满足于部门负责人的工作。

当你在人生的旅途上披荆斩棘、艰难前行的时候，其实你并不孤独。同行的除了在你身边陪伴你、保护你的朋友，也有隐藏在暗处、时刻准备给你致命一击的对手。有时候，哪怕你的朋友全部离你而去，你的对手也依旧陪伴在你的身边，用他们的尖牙利爪提醒你，你不是一个人在奋斗。

所以，如果你手里没有一张"对手牌"，你就该主动给自己设立一个对手——假想敌。记住，要把最强大的对手作为自己的假想敌，而不是草木皆兵，处处设立假想敌。

记住，假想敌的存在是为了让你不断学习，实现自我提升，而不是让你踩低别人来抬高自己，更不是叫你每天都担惊受怕。

了解竞争对手，才能与之合作

与竞争对手合作成功的重要一点就是要了解对手的核心竞争力。联盟要取得成功，一方的竞争优势就必须弥补另一方的弱点。以这种方式建立起来的伙伴关系能让你更好地提供产品和服务，让你的产品和服务包含更多的价值，从而超越其他的竞争对手。

首先，研究每一个对手的核心竞争力是什么，然后衡量出核心竞争力的价值和独特之处。要将核心竞争力和只是做得很好的事情区分开来。"你做得很好的事情"可能只是一种活动，把它从公司的框架中抽出来，不会对经营产生实质性的影响。相反，若是从公司机构中去除某一种活动会引起破坏性的后果，那这就是公司的核心竞争力。

其次，如果竞争对手有联盟伙伴，那也要了解对手的伙伴的核心竞争力。了解企业所在的行业中别人都在做些什么是很有意义的。

询问你的供应商是发现对方核心竞争力的一个方法，因为它们可能也是你的竞争对手的供应商。

通过各种形式调查竞争对手——实地察看他们的营业地点，打电话向他们咨询，或者答复他们的宣传邮件。要一直问自己："为什么有些人会从他那里买东西呢？"

当然，调查客户也必不可少。看看他们喜欢竞争对手的哪一点，然后分析竞争对手在哪些方面做得不对，哪些方面做得对。

当你知道你的竞争对手哪些方面做得很好，或者比你要好许多时，你就可以确定和哪些对手合作才能让自己变得更有竞争力。

预测竞争对手的下一轮行动：

这是竞争对手分析中最难也最有用的一关。具体研究一家公司的战略意图，监测其在市场上的表现，确定其改善公司财务业绩所面临的压力。可以获取这家公司下一步行动的线索。一家公司继续实施当前战略的可能性取决于该公司当前的业绩表现，以及继续实施当前战略的前景。对这两项持满意态度的竞争对手很可能继续实施当前的战略，不过，可能会做一些细微的调整。屡遭挫败的竞争对手由于其业绩表现很差，所以它们会推出新的战略行动（不管是进攻性的还是防御性的）。积极进取的竞争对手有着雄心勃勃的战略意图，有着强大的实力，很可能会追求新兴的市场机会，充分利用和"盘剥"弱一点的竞争对手。

由于公司的管理者对公司的经营和运作一般是以其对自己行业的假设和对公司所处形势的判断为基础的，所以要深刻地洞察竞争对手的管理者的战略思想。可以从他们对一些问题所发表的公开观点中获得信息，如行业的发展趋势、行业取得成功所必须采取的措施等；还可以从他们对公司形势所持的观点中获得信息；可以从各种他们现在的所作所为的"小道消息"中获得信息，从他们过去的行动和领导风格中获得信息。另一个需要考虑的问题是竞争对手是否有做出重大战略变动的灵活度。

要想成功地预测竞争对手的下一步行动，管理者必须对竞争对手的管理者的思维方式有一个清晰的认识，对其当前的战略选择有一个清晰的认识。对信息的审查工作是很有必要的。由于信息不仅来源很多,而且很零碎,这项工作费时、乏味。但是,对竞争对手进行仔细的侦察,从而预测出它们的下一步行动,能够使公司的管理者组织有效的反应措施,并有助于确定可能成为合作伙伴的对手。

第十三章 尊重对手,让他成为你的朋友

尊重对手就是尊重你自己

有位饲养员非常擅长与动物相处，无论它们多么凶猛，他总是有办法让它们服服帖帖，乖巧无比。人们很羡慕他的本领，又非常好奇他为什么能做到与猛兽和谐共处。一位记者来采访他，他的答案很简单："因为我发自内心地喜欢它们，所以它们也回报我同等的喜爱。"

"难道发自内心的喜爱就能换来与动物的友好相处吗？"记者不相信他的说法，"我很喜欢大型犬，但是一靠近它们，它们就会冲我汪汪大叫。"

这位饲养员笑道："你靠近它们的时候在想什么呢？"

记者想了想，回答说："我总是很担心它们会扑上来咬我。"

"这就对了，你根本就不相信自己能和它们友好相处，在接触它们的时候，首先就产生了恐惧和提防的心理，做好了随时反击逃跑的准备。动物的感觉比人类更敏锐，一旦它们感受到你的恐惧和提防，自然就不会对你产生接纳之心，这样，你当然没法接近它们啊！"

听了饲养员的话，记者恍然大悟。

尊重对手就是尊重你自己，这样不但能赢得对手的尊重与友谊，还能展示你的度量与胸怀。我们要明白一点，或许我们在认识、立场、价值取向上各有不同，或许我们对彼此的生活习惯、行为方式看不顺眼，甚至我们就是水火不容的敌人，但这并不妨碍我们看清楚对手身上的优点和长处，也不影响我们欣赏对手的品质与人格。

球王乔丹在公牛队的时候，有一名叫皮蓬的新秀将他视为自己的劲敌，不但经常和他针锋相对，还时常对他冷嘲热讽，总说自己有实力超越乔丹，乔丹早晚要给自己让路之类的话。

面对皮蓬的敌意，乔丹并没有利用自己的影响力对他进行排挤打击，反而宽容相待，经常在球技上指点他，鼓励他。

有一次，两人在练习场上相遇，乔丹主动问皮蓬："你觉得我们俩谁的三分球投得好？"皮蓬撇了撇嘴说："我知道是你投得好，怎么，你这是要对我炫耀吗？我早晚会超过你的。"

乔丹笑了，"虽然我的三分球成功率是比你高一点，但我认为你投得比我好。"

皮蓬很吃惊地看着乔丹。乔丹解释说："我仔细观察过，你投球的动作流畅自然，总能把握最好的时机，这是我不具备的天赋。最重要的是，我只习惯用右手投篮，而你左右手都没有问题，以后，你一定能超过我。"

皮蓬被乔丹的直率和真诚所感动，以后再也不对他冷嘲热讽了。

俗话说"伸手不打笑脸人"，当你决定把对方看成朋友，当你用善意回应对方时，对方的敌意也会像冰雪那样在阳光下消融。请牢记，消灭敌人最好的办法就是让他成为你的朋友。

"如果你握紧两个拳头来找我，"威尔逊总统说，"对不起，我敢保证我的拳头会握得和你的一样紧。但如果你到我这儿来，说：'让我们坐下来一起商量，看看为什么我们彼此意见不同。'那么，不久我们就会发现，我们的分歧其实并不大，我们的看法同多异少。因此，只要我们有耐心相互沟通，我们就能相互理解。"

停止继续合作的三种人

只有与合作对象相处和睦，你们之间的合作关系才能长久。所谓"和气生财"，这对生意者来说是放之四海而皆准的一句话。

有一次，上海某鞋业国际贸易部接了一笔来自意大利客商的订单，双方谈好的产品单价为17美元，并签订了购货合同。

当这批货投产时，生产部门一核算成本才发现，由于皮料价格算得过低，这批货基本上没有利润，甚至还会有损失，除非在原价的基础上再加2美元才能避免损失。

该部门的负责人把情况汇报给了总裁，同时向总裁请示：是否与外商洽谈加价。但总裁却坚决地表示：事后加价是经商大忌，会让对方不高兴，少赚一点没关系，做生意最重要就是以和为贵，这样，以后才好再合作。

意大利客商知道这件事情后，很敬佩该鞋业的总裁，主动提出在原价的基础上再增加1美元。但总裁却婉言谢绝了，他表示多赚少赚并不重要，重要的是"和气生财"，双方合作愉快才是最重要的。

对于该鞋业的做法，意大利客商非常感动，他当即把原来30多万美元的订单追加到了80多万美元，并表示以后要和该鞋业建立长期合作关系。

与人合作，和气生财很重要，但也不能一味纵容。面对一些本质上有问题的人，就要当机立断，停止继续与之合作。如下面三种人，就绝不能姑息。

（一）眼高手低、耐心不足的人

一些没有受过生活的磨难，没有经受过创业的挫折，不懂得创业的艰辛，最容易成为眼高手低、耐心不足的人。

他们不甘心替别人打工，只贪图享乐，不能从事艰苦复杂的创业工作，看到当老板很神气，出入有轿车，应酬时灯红酒绿、轻歌曼舞，再加上筹措一笔资金也不太困难，于是便有了自己当老板的念头。他们认为，只要有钱，做生意是最简单的事情；只要自己往靠背椅子上一坐，自有手下的人替自己效力卖命。

他们只看到了成功后的享受和荣耀，却看不见创业的艰辛，眼比天高，心比山大。没有合伙之前，说起创业来豪言壮语、信誓旦旦，发誓要干出个名堂来；一旦进入实质性的运作，需要投入艰苦的劳动和长时间的努力时，就没有往日所说的那种干劲了，或是得过且过，贪图享乐，或是工作没有主动性。

（二）好话说尽、食言自肥的人

一些人认为商场就是人骗人的地方，仗着自己有一点小聪明，自以为对商场的人情世故懂得比别人多，总想在与别人的合作中多捞一点，多占一点便宜，对合作方没有半点诚意。对于这类斤斤计较个人得失的人，绝不能与之合作。

这种人的一大"法宝"就是，凡是对他的利益有帮助的人，他不仅好话说尽，而且在必要的时候也愿意吃亏，以表示他的豪爽、耿直；可是，对于那些不能帮助他的人，他就会换一副面孔，其态度之傲慢、表情之难看、说话之难听，真叫人难以想象。总之，这类人把商场中的坏习气都学到了，如果再有一点表演天赋，喜怒哀乐，学什么像什么，即使是商场老手或社会经验丰富的人，也会被他耍得团团转。

（三）刚愎自用、自以为是的人

在现在的商场竞争中，刚愎自用、自以为是的人很多，只不过表现的形式有所不同。他们想问题总会以偏概全、以点代面、偏激、固执，与这种人合作实在不是好选择。

一些人自以为比别人聪明，分析力比别人强，听不进不同的意见，总觉得自己的观点与看法是最好的。对于别人的意见或建议，他总是轻易地否决，自己又提不出更好的方法，这样的人当然不能与之合伙创业。

帮助对手也是一种智慧

曾有媒体报道，美国FBI（美国联邦调查局）得到消息，美国可口可乐总公司内部员工偷取可口可乐饮品的样本及机密文件，企图出售给百事可乐。

消息一经公布，迅速在全世界引起震动。大家都知道，可口可乐和百事可乐是饮料业中一对水火不容的竞争对手。试想，如果百事可乐拿到了可口可乐的配方，那意味着可口可乐将有可能被迅速击垮。然而，就在人们为可口可乐庆幸，不断追问是谁提供了情报时，可口可乐高层却表示，向公司和有关当局提供情报的其实是百事可乐。这下，人们迷惑了，谁都不明白百事可乐为什么不利用这个机会扭转在竞争中处于劣势的境况，而非要帮助可口可乐呢？

对此，百事可乐公共关系高级副总裁多林表示："我们只是做了任何负责任的公司都应该做的事。竞争是激烈的，但必须保持公平与合法，我们帮助可口可乐就是为了不让它消失在我们的视线里，它是我们前进的动力！"

只有内心真正强大的人，才会追求公平、公正，才会看重结果，也享受过程。

有一个女孩叫陈娜，2009年从南开大学毕业后，被哈佛大学教育学院以全额奖学金录取。2013年4月，陈娜参加了哈佛大学研究生院学生会主席的竞选活动。美国有7位总统毕业于哈佛，其中又有3位总统担任过学生会主席，这一职务向来有"哈佛总统"的美誉。竞选由各个研究生院推选47名代表参加，环节众多。陈娜以其成熟和干练的作风顺利进入了前4名。她的对手是3名美国博士生：斯诺、凯瑞和乔吉。

乔吉位列第四，很多人以为他将退出选举，可没想到，他却突然来了个"撒手锏"。5月3日，乔吉召开新闻发布会，对前3名候选人进行了猛烈攻击。他曝出3名竞争对手的个人隐私，而对陈娜的攻击是：她在2012年夏天以救助一名南非孤儿为名，侵吞了大量捐款，而那名南非孤儿现在仍然流落在纽约街头。

乔吉发布的新闻使哈佛震动，研究生院很多激进组织马上召开集会，要求立即取消3名候选人的资格。

陈娜也因此受到了很多选民的质疑，不过幸运的是，谣言很快烟消云散了，因为陈娜资助的南非孤儿出面澄清了此事。乔吉被证实有说谎的嫌疑，胜利的天平又倾向了陈娜。

而斯诺和凯瑞为了报复乔吉先前的"毁灭性打击"，也曝光了乔吉在一家中国超市被警察询问的录像，并怀疑他有偷窃行为。一时间，乔吉百口难辩，这似乎又对陈娜有利。

在竞选的最后关头，4个竞选者一起召开了新闻发布会。斯诺、凯瑞和乔吉都显得有些沮丧，只有陈娜依旧带着端庄的微笑。她走上台说："同学们，我今天想先告诉大家一件事情，就是关于乔吉在超市'行窃'的事。"

她的话让所有人屏住了呼吸，乔吉更是因为惶恐而攥紧了拳头。陈娜继续说道："我去中国超市问清了整个事情的经过，事实上，乔吉并不是因为行窃而被警察询问，而是帮助老板抓到了小偷。"

霎时，发布会现场一片哗然。乔吉惊讶地抬头看了看陈娜，微张着嘴，想说什么，却欲言又止。斯诺和凯瑞则有些沮丧，他们实在不明白陈娜为什么要帮助对手澄清丑闻。难道她不明白，一旦他重获清白，就会成为陈娜最大的对手？

是呀，谁愿意去帮助自己的对手呢？

陈娜的澄清让竞选形势再一次发生了变化。陈娜的助理埋怨陈娜帮了对手一个大忙，而陈娜只是淡淡地笑了笑，说："我只是希望这次竞争能够公平一些，这样赢得的胜利才有意义。"

投票前15分钟，乔吉宣布了自己退出的消息，并且号召自己的支持者把票投给陈娜。他说，他无法像陈娜那样真诚与宽容，他已经输掉了竞选。如果陈娜竞选成功，自己愿意做她的助理，全力协助她在学生会的工作。2013年6月8日，陈娜力挫群雄，以62.7%的支持率当选哈佛学生会主席。这是哈佛300多年历史上第一位中国籍学生担任此职。

帮助对手也是一种智慧。在竞争中，不论是强者还是弱者，都要记住，一定不要让对手离开你的视线，即使要伸出援手也要确保这一点。只有在若即若离中，你才会有危机感和紧迫感，从而激发出你的斗志。